流域控制性水库群汛期运行水位动态控制方式研究

张晓琦 著

中国水利水电出版社
www.waterpub.com.cn
·北京·

内 容 提 要

本书聚焦复杂水库群系统的汛期运行水位动态调控方式研究，并以汉江流域控制性水库群系统为典型研究案例，对所提出的理论方法进行应用示范。主要介绍了基于条件风险价值理论的水库群防洪库容联合设计、基于库容分配比例系数的水库群防洪库容分配规则推导，以及基于两阶段风险分析的水库群汛期运行水位动态控制等内容，理论联系实际。

本书可供水文水资源领域相关科技工作者参考。

图书在版编目（C I P）数据

流域控制性水库群汛期运行水位动态控制方式研究 /
张晓琦著. -- 北京：中国水利水电出版社，2022.9
ISBN 978-7-5226-0777-1

Ⅰ．①流… Ⅱ．①张… Ⅲ．①并联水库－汛限水位－
动态控制－研究 Ⅳ．①TV697.1

中国版本图书馆CIP数据核字(2022)第108910号

书 名	流域控制性水库群汛期运行水位动态控制方式研究 LIUYU KONGZHIXING SHUIKUQUN XUNQI YUNXING SHUIWEI DONGTAI KONGZHI FANGSHI YANJIU
作 者	张晓琦 著
出版发行	中国水利水电出版社 (北京市海淀区玉渊潭南路 1 号 D 座　100038) 网址：www.waterpub.com.cn E - mail：sales@mwr.gov.cn 电话：(010) 68545888（营销中心）
经 售	北京科水图书销售有限公司 电话：(010) 68545874、63202643 全国各地新华书店和相关出版物销售网点
排 版	中国水利水电出版社微机排版中心
印 刷	天津嘉恒印务有限公司
规 格	184mm×260mm　16 开本　10.5 印张　218 千字
版 次	2022 年 9 月第 1 版　2022 年 9 月第 1 次印刷
印 数	0001—1000 册
定 价	**65.00 元**

Foreword
前言

　　洪涝灾害是全球发生最为频繁、造成人员和财产损失巨大的一种自然灾害。在我国，大部分受灾城市集中在中东部和东南部地区，洪涝灾害呈现出南方重于北方的格局。因此，重视并开展洪水灾害防治、洪水资源安全高效利用研究，贯彻新时期水利新发展理念，对我国经济社会可持续发展至关重要。

　　水库大坝建设是将流域洪水由灾害属性向资源属性转化，化解洪水灾害与水资源需求持续增长矛盾的有效工程措施。水库调度理论与方法的研究是实现洪水资源安全高效利用的关键技术手段。随着水文预报精度的提高，探究如何综合利用降雨、洪水预报等信息为水库调度领域提供了新的研究方向与技术突破口，在以往传统的静态汛限水位调控思想的基础上，开展耦合预报信息的水库汛期运行水位动态调控是具有研究价值和现实意义的。水库汛期运行水位实时动态控制研究的目的是综合考虑水库的当前状态以及未来预见期内的实时预报信息，对未来调度时段内水库库容变化或泄流量提供决策，从而在确保水库系统防洪安全的前提下挖掘潜在的兴利效益。基于此，本书将聚焦复杂水库群系统的汛期运行水位动态调控方式研究，并以汉江流域控制性水库群系统为典型研究案例，对所提出的理论方法进行应用示范。

　　全书共6章。本书的第1章为绪论，介绍了本书的研究背景和意义、相关领域的国内外研究进展、水库群汛期运行水位设计运行及风险控制研究中存在的主要问题以及研究思路和主要内容简介；第2章介绍了本书典型研究案例的区域工程概况及水文特性；第3章介绍了基于条件风险价值理论的水库群防洪库容联合设计，构建防洪损失条件风险价值评价指标并推导其在非一致性径流条件下的表达式，将该指标作为防洪约束条件应用于水库群防洪库容联合设计中，明确水库群汛期运行水位控制域，为实现水库群动态调控提供安全边界；第4章介绍了基于库容分配比例系数的水库群防洪库容分配规则推导，理论构建能量方程解析表达式，表征水库群系统总发电量与水库群总库容变化量、各水库库容分配比例系数之间的关系；并基于能量方程解析解，为水库群防洪库容最优分配提供简单直观的比例系数判别式；第 5 章介绍了基于两阶段风险分析的水库群汛期运行水位动态控制，提出了可考虑各水库不同预见期长度、不同预报精度的风险率计算方法，以识别的两阶段风险率为约束条件，构建水库群实时优化调度模型，可为实现水库群汛期运行水位动态控制提供技术支撑；第 6 章为结论与展望。

本书的研究工作得到了刘攀教授、许崇育教授、程磊教授、许继军教高、王永强教高、熊立华教授、刘德地教授、明波副教授、邓超副教授的理论方法指导，以及冯茂源博士、巩钰博士、潘正可博士、桂梓玲博士、张玮博士等的大力支持，特向支持和关心作者研究工作的这些专家学者表示衷心的感谢。本书出版得到了国家自然科学基金青年科学基金项目（No. 52109003）、国家自然科学基金重大项目（No. 41890822）以及 2021 年度"武汉人才"优秀青年人才项目的资助。

由于作者水平有限，若有未完善之处恳请读者提出宝贵的意见和建议。

作者

2022 年 4 月

ontents 目录

绪　　论

1.1　研究背景和意义

水是人类生存、生产和生活中必不可少的宝贵自然资源，也是关系一个国家社会经济发展的战略性资源，是综合国力的坚实组成部分，是国民经济的基础。但根据 2018 年度《中国水资源公报》数据显示，我国的水资源总量为 2.75 万亿 m^3，地表水资源量 2.63 万亿 m^3，地下水资源量 8246.5 亿 m^3，人均水资源量仅为 $1968m^3$；我国水资源总量占世界第 6 位，但人均占有量却仅居世界第 108 位。此外，由于受季风气候的影响，我国降水分布不均匀，导致我国水资源的季节分配和地区分布也不均匀。因此，我国水资源基本状况为人多水少，具有水资源时空分布不均的主要特征。

自新中国成立以来，随着经济社会不断发展，我国水资源管理体制经历着不断变革、调整和逐步完善的发展历程，初期主要开展以防洪、灌溉为核心目标的大规模水利枢纽的基础设施建设。但随着 1988 年《中华人民共和国水法》的颁布实施，我国水资源管理逐步趋于法制化，开始转向水资源可持续发展的探索方向。水库是水资源开发利用的主要工程措施，依据《2017 年全国水利发展统计公报》的数据统计（截至 2017 年年底），我国总计建成了 98795 座水库，水利枢纽开发总库容达到了 9035 亿 m^3。随着水库的大量修建完成，水库在我国国民经济和社会发展中扮演着不可或缺的角色，而水库调度是实现水库正常运行从而达到重新分配水资源时空分布目标的关键管理手段。水库调度理论与方法的研究是水文学及水资源专业领域的经典课题，且随着流域内水库维度的增加以及新时期水资源管理面临着越来越复杂的国民需求，迫切需要系统性地开展复杂水库群系统联合调度运行研究。

水库群联合调度研究的目的是将流域多个水库构成的复杂库群系统视为整体研究对象，统筹考虑各水库之间的水文、水力联系，充分发挥各水库子系统间的协调补偿作用，从而实现水库群系统综合效益最大化的目标。防洪与兴利效益的权衡问题始终是水库调度研究领域的关键课题，而这两者围绕的关键参数是水库汛期运行水位，因此，水库群联合调度的核心实质上就是各水库汛期运行水位（或防洪库容）如何开展联合高效利用优化分配的问题。根据是否利用径流预报信息，水库群汛期运行水位（或防洪库容）的优化分配研究可划分为静态的规划设计层面与动态的调度运行层面。在静态规划设计层面中，水库群系统防洪库容联合设计是核心问题，其旨在研究水库群系统最小总防洪库容的设计及各水库防洪库容组合的可行方案探究；在动态的调度运行层面，水库群系统长中短期库容联合分配规则和实时阶段汛期运行水位动态控制的研究是亟待解决的两个问题。如何从水库群系统的角度出发提炼水库群防洪库容分配规则，以及如何利用各水库预见期精度和长度均不匹配的径流预报信息在汛期开展水库群实时预报调度研究是实现水库群系统动态调控的关键。

因此，本书将围绕水库群联合调度研究中的汛期运行水位这一关键参数，开展水库群汛期运行水位联合设计运行及风险控制研究，旨在进一步完善水库群汛期运行水位静态规划设计与动态调控的研究方法，从而剖析复杂水库群系统中各水库之间防洪库容的关联影响及各水库防洪库容值对库群系统的贡献作用，最终实现提高水库群系统联合调度综合效益的目标。

1.2　国内外研究进展

本书主要开展水库群汛期运行水位联合设计运行及风险控制研究，针对本书的研究内容，主要从水库群防洪库容联合设计研究、水库群防洪库容分配规则研究和水库群汛期运行水位动态控制及风险评估研究三个方面论述国内外相关研究进展。

1.2.1　水库群防洪库容联合设计研究

水库汛限水位（对应于水库防洪库容）是水库调度的重要特征参数之一，其基本定义为"水库在汛期允许兴利蓄水的上限水位"，是协调水库防洪与兴利效益目标的关键。但传统的水库汛限水位（防洪库容）是采用单库分散设计方式，较少考虑水库群层面的防洪库容整体规划设计与优化分配。因此，开展水库群联合调度研究所面临的核心问题之一即是水库群防洪库容的联合设计研究。

目前，我国针对大多数单库的防洪库容（汛限水位）设计是通过对年最大设计洪水开展调洪演算试算得来，且仅考虑单库自身的防洪任务。单库的防洪库容值与防洪（或兴利）效益之间呈现单调关联性，即水库防洪库容值越大，防洪效益则越大（汛期的兴利效益则越小）；但在水库群系统中，由于水库之间存在着复杂的水文、水力联系，仅变动库群系统中某一个水库的防洪库容（汛限水位），并不能直接明确系统整体的防洪（或兴利）效益会如何随之响应。水库群防洪库容联合设计研究的目的并不是对库群系统中单个水库的防洪库容特征值进行重新设计，而是在不降低整个流域水库群系统防洪标准的前提下，从流域库群系统的角度出发，考虑各水库之间的水文、水力联系，对水库原防洪库容进行极限风险模拟，推求最小安全防洪库容（最高安全汛限水位），从而实现整个流域水库群系统防洪库容的优化。

　　水库群防洪库容联合设计研究侧重以流域水库群系统防洪的角度开展水库群的防洪库容值可行区间的研究，是实现水库群联合防洪调度的基本前提和安全边界。目前开展水库群防洪库容联合设计研究的主要研究方法大体可分为：风险分析方法、库容补偿方法、大系统聚合分解方法。

　　（1）风险分析方法可考虑流域水库群系统复杂的洪水遭遇情况所引起的多重不确定性，从衡量库群系统的风险指标来优化水库群防洪库容组合方案。冯平等（1995）基于风险效益分析法的研究思路，考虑了岗南和黄壁庄两水库的联合调度，探讨分析了岗南水库提高自身汛限水位的可能性和合理性。吴泽宁等（2006）选取黄河中游四梯级水库（三门峡、小浪底、陆浑和故县水库）为研究对象并初拟 8 种汛限水位组合方案，采用蒙特卡罗方法同时考虑设计洪水典型选择、洪水预报误差和水库调度滞时不确定性构建风险指标，最终通过比较各方案的风险指标值选取合理的汛限水位设计方案。谭乔凤等（2017）采用 copula 函数建立上游和区间来水的联合概率密度函数来表征设计洪水的不确定性，同时兼顾考虑梯级水库群库容补偿建立潘口—黄龙滩梯级水库群汛限水位联合设计模型。顿晓晗等（2019）基于历史实测径流系列，推求了水库群系统联合调度情景下三峡水库的防洪库容频率曲线，并将其应用于优化各水库防洪库容。

　　（2）库容补偿方法的基本思想是通过考虑库群系统中上游、下游水库之间的水力联系，从而构建梯级水库群间的汛限水位协调关系并将其纳入考虑水库群防洪库容联合设计研究中。李菡等（2011）通过分析上游观音阁水库的富余防洪库容，依据库容补偿原理实现了下游葠窝水库汛限水位的提高。郭生练等（2012）在满足清江梯级水库群不降低主汛期预留的总防洪库容的前提下，构建水库群联合设计与运用模型，推求梯级水库群系统中水布垭、隔河岩水库的允许坝前最高水位，从而得到水布垭、隔河岩水库汛限水位组合的寻优区间。钟平安等（2014）以梯级水库中公共防洪任务所需的总防洪库容为切入点，结合库容补偿原理建立上库、下库有富余防洪库容情形下的防洪库容置换模型，剖析上库、下库汛限水位抬升幅度之间的关系。何海祥等（2017）通过耦合梯级水库群中的预泄能力和库容补偿能力的相互约束作用，建立预泄能力—库容补偿能力双约束模型。张验科等（2019）考虑了梯级水库系统中上游水库为下游水库预留的防洪库容具有重叠使用的空间，对上游水库的汛限水位值进行了优化。

　　（3）大系统聚合分解方法是将复杂的流域水库群系统整体视为一个"聚合水库"，从而概化考虑水库群系统总防洪库容值的确定；然后通过一定的库容分配原则将所推求的库群总防洪库容值"分解"到各个水库。申敏和延耀兴（2003）基于系统分析方法，以漳泽水库群为研究对象，构建以库群动用总防洪库容加权总和最小为目标函数的库群优化模型，从而提高漳泽水库汛限水位。陈炯宏等（2012）借鉴大系统分解协调理论思想，将整个清江梯级水库群系统视为一个聚合水库，通过预蓄预泄法确定聚合水库需预留的最小防洪库容值，然后再根据水库间的水力联系协调"分解"各水库的防洪库容值，从而得到水布垭、隔河岩水库的汛限水位联合运用寻优区间。李安强等（2013）运用大系统分解协调原理，分析下游防洪区域对溪洛渡、向家坝两库预留防洪库容需求。

1.2.2 水库群防洪库容分配规则研究

水库调度运行规则是依据水库长系列来水资料，综合考虑水库的设计任务及其自身的运行约束条件，指导水库出流及水库水位变化过程的有效工具；水库可通过调度运行最优策略使水库系统达到兴利效益最大化或者确保防洪调度安全等调度目标。目前，单库系统的调度运行规则的提取方法已成体系且易于获取。但针对水库群系统，由于涉及相邻水库间水力联系的建立，系统中各水库串联、并联形式复杂等多个问题因素，水库群系统联合调度运行规则的提取过程更为复杂，是目前仍需积极探讨的热点问题之一。水库群防洪库容分配规则的研究目的是以系统整体的防洪效益、兴利效益或综合效益最大化为目标，寻求指导水库群系统中各水库防洪库容优化合理分配的策略。目前，关于水库群防洪库容分配规则的提取主要有数值模拟优化方法和解析式方法两种方法。

（1）数值模拟优化方法主要的思路是建立优化调度模型，以兴利效益最大或者防洪损失最小为目标函数，以调度过程中的出库流量（或水库水位）轨迹，或调度函数/调度图涉及的参数为决策变量，进行调度模型模拟，或者结合优化算法求解调度模型，从而提取满足调度目标的库容优化分配规则。钟平安等（2003）通过考虑库群系统中各水库自身防洪控制点的重要性程度以及调度模式这两方面的差异构建了并联水库群联合调度库容分配模型，以防洪断面的最大过流量最小为目标函数，并采用分步迭代求解的思路逐时段推求各水库库容变化过程。刘攀等（2008）基于聚合分解原理，在聚合模块中寻求库群系统的总出力同"聚合水库"可能出力二者之间的关联，通过判别库群总出力是否为保证出力来开展决策分解，以此构建水库群的联合优化调度图，采用多目标遗传算法（NSGA-Ⅱ）进行优化求解。何小聪等（2013）以长江中上游三座水库为研究对象，提出了等比例蓄水的水库群联合防洪调度策略，并采用线性优化方法求解确定调度运行策略中的待定参数值。Zhang等（2016）针对长江中上游大规模混联水库群系统，将三峡水库的防洪库容根据其调度规则划分为 3 个比例区间，然后约束其他水库的防洪库容使用比例尽量与三峡水库在同一个比例区间范围内，并采用 10 场典型洪水进行验证，结果表明该联合调度运行策略可在保证下游防洪安全的前提下避免水库过早拦洪。罗成鑫等（2018）以库群系统下游防洪控制点洪峰流量值最小为目标函数构建库群系统防洪优化调度模型，采用动态规划—逐步优化嵌套算法（DP - POA）求解最优库容分配过程。徐雨妮和付湘（2019）以金沙江梯级水库群为例，构建了梯级水库群发电调度合作博弈模型用于指导库群系统联合调度决策，并采用改进后的水循环算法对模型求解。

（2）解析式方法是一种基于理论分析数学推导而提炼的水库群库容分配规则；这类方法的基本思路是建立一个指标用于指导水库群系统中各水库蓄放水次序，以达到最大限度地提高水库群兴利效益或降低水库群防洪损失的目标，通常是针对单一目标建立。按水库群调度运行策略的目标功能来划分，可分为防洪、发电等库容分配规则。针对单一防洪目标，Marien 等（1984）针对具有下游共同防洪对象的库群系统推导出保证下游防洪对象安全的各水库最少拦洪量条件（controllability conditions，CC）；而后 Kelman 等（1989）将 CC 应用于巴西水库群系统。Wei 和 Hsu 等（2008）提出了一种平衡水位指标（balanced water level index，BWLI）用于指导并联水库群系统中各水库库容分配策略。Hui 和 Lund 等（2015）基于简化的洪水过程线建立具有共同下游防洪任务的并联系统的防洪库容值与最大削峰洪量的数学关系式，并应用该数学关系式优化库群系统防洪库容的分配问题。针对单一发电目标，Lund 和 Ferreira 等（1996）提出了"Hydropower Production Rules"，其目标函数为当水库群系统总防洪库容给定的前提下使得水库群系统在研究时段内发电量最大，采用指标 V_i 用于衡量水库群系统中第 i 个水库因单位库容变化所引起的发电水头增量，并将各个水库按照 V_i 值进行从大到小的排序由此决定库容变化决策；但是"Hydropower Production Rules"解析式调度规则在推导过程中并未考虑由于库容变化而引起的弃水量的变化。Jiang 等（2016）针对梯级水库群系统提出一种判别系数法（discriminant coefficient method，DCM），DCM 的主要参数有库群系统总出力和总需求，并用两个参数的关系判别库容的变化过程。

1.2.3 水库群汛期运行水位动态控制及风险评估研究

随着水文预报精度的提高，综合利用降雨、洪水预报等信息探究水库实时调度迅速成为研究热点。水库汛期运行水位动态控制的研究目的是综合考虑水库的当前状态以及未来预见期内的实时预报信息，对未来调度时段内水库库容变化或泄流量提供决策，从而在确保水库系统防洪安全的前提下挖掘潜在的兴利效益。

1. 单库系统

针对单库系统，水库汛期运行水位动态控制方法的研究基本已成体系，大致可划分为预报调度方式研究、预泄能力约束法、综合信息推理模式法、防洪风险调度模型法等。下面针对上述几种方法的研究思想做简要介绍和文献举例。

（1）预报调度方式的研究侧重考虑预报信息的利用，将预报降雨、洪水等信息作为制定调度规则时遭遇洪水量级的判别指标。曹永强等（2005）提出以累计净雨总量为控制的防洪预报调度方式，发现合理的预报调度方式能有效平衡防洪与兴利的矛盾。

（2）预泄能力约束法的研究思路是通过考虑来水预见期内水库自身的泄流能力将汛期运行水位进行适当上浮，且留有一定余地，以确保在洪水起涨前能将水库水位降至原设计汛限水位值。王本德等（1994）利用 24h 的短期降雨预报信息，开展丰满水库预蓄预泄方式的实时调度研究。

（3）综合信息推理模式法是指兼顾实测的确定性信息（如水库汛期实际起调水位）、随机的统计信息（如历史同期不同量级发生的统计概率）和水文预报信息（如未来 48h、72h 降雨预报信息）等建立推理模式，构成"大前提"；然后结合实时调度时刻的上述综合信息（记为"小前提"），推求未来水库出流决策。

（4）防洪风险调度模型法是将水库的防洪标准视为一个可接受的风险率指标，通过建立实时优化调度模型控制风险低于这个可接受的风险；刘攀等（2005）构建了由实时调度中的可接受风险子模型、实时防洪风险分析子模型、调度期后续调度控制子模型和实时控制调度子模型 4 个模块组成的水库系统实时优化调度模型，可在不降低防洪标准的前提下显著提高水库兴利效益。

2. 水库群系统

针对水库群系统的汛期运行水位动态控制问题，已有不少学者开展了相关的研究工作并取得了一些方法成果，但由于水库之间存在着水文、水力等不容忽视的客观联系，因此，目前关于水库群系统的实时优化调度研究仍存在着较大的探讨空间。张改红（2008）通过将优化调度思想与调度方式规划设计相结合的方法，提出了梯级水库群联合防洪预报调度方式的设计方法；周如瑞（2017）针对并联水库群开展了考虑预报误差的水库群联合防洪预报调度方式优化研究。李玮等（2008）提出一种基于预报及库容补偿的梯级水库汛期运行水位动态控制逐次渐进补偿调度模型。陈炯宏等（2012）基于"聚合—分解"思想确立梯级水库的汛限水位寻优区间，在此基础上构建有效预见期内兴利效益最大为目标函数的水库群实时调度模型；周研来等（2015）在前者的研究思路的基础上考虑入库径流的长期变化规律，从而进一步通过耦合长期和短期优化调度完善聚合水库系统的分解原则。曲寿飞等（2015）利用信息论原理对大量的水库当前水位、调度时段、预报流量级别等信息开展分析统计，并应用决策树方法实现水库群的实时调控。周建中等（2019）基于防洪库容风险频率曲线构建水库群联合实时防洪调度决策模型。

水库实时调度能结合有效的水文预报信息对水库在实时运行层面权衡防洪与兴利

效益具有指导意义。然而，水文预报信息的利用面临着不可规避的不确定性问题，预报误差的客观存在促使学者在探究水库实时防洪调度方法的同时也需关注风险分析问题。防洪风险是指发生由洪水造成的损失与伤害的可能性。目前，针对水库防洪风险的研究主要侧重防洪风险因素的识别、防洪风险分析及评估方法两个方面。其中，引起防洪风险的因素主要考虑水文、水力以及工程结构等方面的不确定性，具体包含设计洪水过程、洪水预报误差不确定性，水库调度滞时不确定，水位—库容关系和水库泄量误差不确定性等。水库实时调度范畴中主要考虑水文预报误差不确定性所引起的调度风险，或在此基础上考虑纳入其他不确定性的组合因素识别及风险评估分析研究。

根据是否需要推求风险事件显式的概率分布，防洪风险分析及评估方法大致划分为两类：解析分析法和数值随机模拟法。解析分析法通常是基于可能引起防洪风险的不确定性因素的概率密度函数开展风险分析，具体包含频率分析法、均值一次二阶矩方法（mean-value first-order second-moment，MFOSM）、改进一次二阶矩方法（advanced first-order second-moment，AFOSM）和 JC（joint commission）法等。钟平安和曾京（2008）考虑洪量预报误差和调度期内水库最高控制水位两方面因素分析水库实时调度中的决策风险。闫宝伟和郭生练（2012）推导了洪水过程相对预报误差的标准差与确定性系数之间的数学关系式，基于水库调洪演算的随机微分方程提出一种考虑洪水过程不确定性的水库防洪调度风险分析方法。周如瑞等（2016）考虑洪水预报误差特性，依据贝叶斯定理构建了可推求汛期运行水位动态控制域上限的风险分析方法。

数值随机模拟法，又称蒙特卡罗法（Monte Carlo Method），该方法的基本思路是通过随机模拟方法生成大量的随机序列，并对该样本开展相关的统计计算工作，从而结合相关统计指标进行风险分析。丁大发等（2005）采用蒙特卡罗模拟技术耦合设计洪水过程、洪水预报误差和水库调度决策 3 个方面的不确定性构建了一个水库防洪调度多因素组合风险评估模型。冯平等（2009）建立了考虑洪水预报误差的入库径流随机模拟方法，并发现洪水预报精度这一因素对水库实时调度阶段风险评估的影响较为关键。陈璐等（2016）在鞅模型的基础上应用 copula 函数建立了刻画水文预报不确定性的演化模型（copula-based uncertainty evolution model），然后采用随机模拟法开展水库实时调度风险分析。

3. 复杂水库群系统

针对复杂水库群系统，由于不确定性因素的高维度和非线性联合概率密度函数很难直接获取，因此直接采用解析分析法开展库群系统风险分析是困难的。因此，目前水库群系统的风险分析侧重以数值随机模拟法切入。Chen 等（2017）首先建立了几种典型水库子系统的风险计算模块，然后依据分解—聚合思想构建整个复杂水库群系统的风险分析方法。Chen 等（2019）提出了一种基于动态贝叶斯网络的水库群实时防洪调度模型，该模型包含随机模拟模块、动态贝叶斯网络模块和风险决策模块。

1.3 存在的问题

基于文献的调研发现，国内外学者针对水库群防洪库容联合设计、水库群防洪库容分配规则和水库群汛期运行水位动态控制三方面已经开展了相关研究，并且取得了丰富的研究成果，但仍存在一些有待继续探讨的空间。主要体现在以下 3 个方面。

（1）水库群防洪库容联合设计研究目前侧重于构建库群系统中各水库的水力联系，且在不降低流域库群防洪标准的前提下，基于传统工程风险率的思想推求水库群系统的最小总防洪库容值、防洪库容最优组合方案或防洪库容可行组合区间。但传统工程风险率方法未考虑潜在的防洪损失后果，且其在非一致性径流条件下存在是否适用的问题。

（2）水库群防洪库容分配规则研究主要分为数值模拟优化法和解析式方法；已有的解析式方法存在指导库群系统中各水库蓄放水次序的单一性问题，未能定量考虑各水库同步蓄放水的库容分配情形。

（3）水库汛期运行水位动态控制及其风险分析的研究在串并联结构复杂的水库群系统层面相对较少，且由于水库群系统具有高维度非线性特征，目前水库群实时优化调度风险评估方法以计算量大的随机模拟法为主。此外，现有的水库群汛期运行水位动态控制及其风险分析仅关注预见期以内径流不确定性所带来的风险，未能考虑各水库预见期长度和精度不匹配的问题，也未考虑预见期以外调度期以内时段的风险率评估。

1.4 研究内容与技术路线

水库群联合调度的最终目标是统筹考虑水库群系统中各水库间的复杂水力联系，寻求整体效益大于单库简单叠加的目标。本书重点围绕水库群汛期运行水位联合设计、运行及风险控制，开展研究工作，研究技术路线如图 1.1 所示。

各章节的核心要点描述如下：

第 1 章为绪论。开篇介绍本书的研究背景、意义，阐述了水库群汛期运行水位联合设计、运行及风险控制的国内外研究进展，及存在的科学问题；最后，引出本书的研究内容与技术路线。

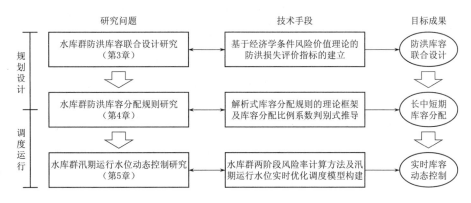

图 1.1　总体技术路线图

第 2 章为研究区域工程概况及水文特性。介绍了本书典型案例汉江流域的自然地理特征及研究区域工程概况、水文气象特征及洪水特征。

第 3 章为基于条件风险价值理论的水库群防洪库容联合设计。首先，将经济学中的条件风险价值概念引入水库防洪损失评价范畴，构建防洪损失条件风险价值评价指标并推导其在非一致性径流条件下的表达式；其次，将该指标应用于适应变化环境下的水库汛限水位优化设计问题，验证该指标的适用性；最后，将该指标由单库系统拓展到复杂水库群系统，并结合研究实例推求出水库群防洪库容联合设计组合方案的可行区间。

第 4 章为基于库容分配比例系数的水库群防洪库容分配规则推导。首先，构建能量方程（E 方程）用于描述单库系统的发电量与库容变化量之间的关系；然后，将 E 方程由单库系统拓展到水库群系统（以两库系统为例），并用于表征水库群系统的总发电量与库群系统总库容变化量及各水库间库容分配比例系数之间的关系，并归纳提炼一种解析式库容分配规则（比例系数判别式）指导库群系统库容优化分配；最后，通过研究实例验证所提出的比例系数判别式的适用性。

第 5 章为基于两阶段风险分析的水库群汛期运行水位动态控制。首先，将整个汛期调度时期根据预见期划分为预见期以内和预见期以外两个阶段，建立水库群两阶段风险率计算方法，并构建水库群实时优化调度模型；其次，通过蒙特卡罗随机模拟验证所提出的水库群两阶段风险率计算方法的准确性；最后，将基于两阶段风险率的水库群实时优化调度模型应用于研究实例，可实现水库群汛期运行水位动态控制。

第 6 章为结论与展望。凝练概括书的核心研究成果及主要研究结论，并指出存在的不足以及给出可继续完善的研究思路。

参考文献

［1］　Afzali R，Mousavi S J，Ghaheri A. Reliability - based simulation - optimization model for multireservoir hydropower systems operations：Khersan experience ［J］. Journal of Water Resources Planning and Management，2008，134（1）：24 - 33.

［ 2 ］ Apel H，Thieken A H，Merz B，et al. Flood risk assessment and associated uncertainty ［J］. Natural Hazards and Earth System Sciences，2004，4 (2)：295 – 308.

［ 3 ］ Arvanitidits N，Rosing J. Composite representation of a multireservoir hydroelectric power system ［J］. IEEE Transactions on Power Apparatus and Systems，1970，89 (2)：319 – 326.

［ 4 ］ Ashrafi S M，Dariane A B. Coupled operating rules for optimal operation of multi – reservoir systems ［J］. Water Resources Management，2017，31 (14)：4505 – 4520.

［ 5 ］ Becker L，Yeh W W. Optimization of real time operation of a multiple – reservoir system ［J］. Water Resources Research，1974，10 (6)：1107 – 1112.

［ 6 ］ Chandramouli V，Raman H. Multireservoir modeling with dynamic programming and neural networks ［J］. Journal of Water Resources Planning and Management，2001，127 (2)：89 – 98.

［ 7 ］ Chen J，Zhong P，An R，et al. Risk analysis for real – time flood control operation of a multi – reservoir system using a dynamic Bayesian network ［J］. Environmental Modelling & Software，2019，111：409 – 420.

［ 8 ］ Chen J，Zhong P，Xu B，et al. Risk analysis for real – time flood control operation of a reservoir ［J］. Journal of Water Resources Planning and Management，2015，141 (8)：4014092.

［ 9 ］ Chen J，Zhong P，Zhang Y，et al. A decomposition – integration risk analysis method for real – time operation of a complex flood control system ［J］. Water Resources Research，2017，53 (3)：2490 – 2506.

［10］ Clark E J. New York control curves ［J］. Journal American Water Works Association，1950，42 (9)：823 – 827.

［11］ Dhakal N，Fang X，Thompson D B，et al. Modified rational unit hydrograph method and applications ［J］. Proceedings of the Institution of Civil Engineers – Water Management，2014，167 (7)：381 – 393.

［12］ Diao Y，Wang B. Risk analysis of flood control operation mode with forecast information based on a combination of risk sources ［J］. Science China Technological Sciences，2010，53 (7)：1949 – 1956.

［13］ Diao Y，Wang B. Scheme optimum selection for dynamic control of reservoir limited water level ［J］. Science China Technological Sciences，2011，54 (10)：2605 – 2610.

［14］ Draper A J，Lund J R. Optimal hedging and carryover storage value ［J］. Journal of Water Resources Planning and Management，2004，130 (1)：83 – 87.

［15］ Fu X，Li A，Wang H. Allocation of flood control capacity for a multireservoir system located at the Yangtze River Basin ［J］. Water Resources Management，2014，28 (13)：4823 – 4834.

［16］ Guo X，Hu T，Wu C，et al. Multi – objective optimization of the proposed multi – reservoir operating policy using improved NSPSO ［J］. Water Resources Management，2013，27 (7)：2137 – 2153.

［17］ Haddad O B，Afshar A，Mariño M A. Honey – bee mating optimization (HBMO) algorithm in deriving optimal operation rules for reservoirs ［J］. Journal of Hydroinformatics，2008，10 (3)：257 – 264.

［18］ Huang K，Ye L，Chen L，et al. Risk analysis of flood control reservoir operation considering multiple uncertainties ［J］. Journal of Hydrology，2018，565：672 – 684.

［19］ Hui R，Lund J R. Flood storage allocation rules for parallel reservoirs ［J］. Journal of Water Resources Planning and Management，2015，141 (5)：4014075.

［20］ Jiang Z，Li A，Ji C，et al. Research and application of key technologies in drawing energy storage operation chart by discriminant coefficient method ［J］. Energy，2016，114：774 – 786.

［21］ Johnson S A，Stedinger J R，Staschus K. Heuristic operating policies for reservoir system simulation ［J］. Water Resources Research，1991，27 (5)：673 – 685.

［22］ Kelman J，Damazio J M，Mariñn J L，et al. The determination of flood control volumes in a multireservoir system ［J］. Water Resources Research，1989，25（3）：337 – 344.

［23］ Kuo J T，Hsu N S，Chu W S，et al. Real – time operation of tanshui river reservoirs ［J］. Journal of Water Resources Planning and Management，1990，116（3）：349 – 361.

［24］ Labadie J W. Optimal operation of multi – reservoir systems：State – of – the – art review ［J］. Journal of Water Resources Planning and Management，2004，130（2）：93 – 111.

［25］ Lerma N，Paredes – Arquiola J，Andreu J，et al. Development of operating rules for a complex multi – reservoir system by coupling genetic algorithms and network optimization ［J］. Hydrological Sciences Journal，2013，58（4）：797 – 812.

［26］ Li L，Liu P，Rheinheimer D E，et al. Identifying explicit formulation of operating rules for multi – reservoir systems using genetic programming ［J］. Water Resources Management，2014，28（6）：1545 – 1565.

［27］ Li X，Guo S，Liu P，et al. Dynamic control of flood limited water level for reservoir operation by considering inflow uncertainty ［J］. Journal of Hydrology，2010，391（1 – 2）：124 – 132.

［28］ Liu P，Cai X，Guo S. Deriving multiple near – optimal solutions to deterministic reservoir operation problems ［J］. Water Resources Research，2011，47（8）：W8506.

［29］ Liu P，Guo S，Xiong L，et al. Deriving reservoir refill operating rules by using the proposed DPNS model ［J］. Water Resources Management，2006，20（3）：337 – 357.

［30］ Liu P，Guo S，Xu X，et al. Derivation of aggregation – based joint operating rule curves for cascade hydropower reservoirs ［J］. Water Resources Management，2011，25（13）：3177 – 3200.

［31］ Liu P，Li L，Guo S，et al. Optimal design of seasonal flood limited water levels and its application for the Three Gorges Reservoir ［J］. Journal of Hydrology，2015，527：1045 – 1053.

［32］ Lund J R. Derived power production and energy drawdown rules for reservoirs ［J］. Journal of Water Resources Planning and Management，2000，126（2）：108 – 111.

［33］ Lund J R，Ferreira I. Operating rule optimization for Missouri River reservoir system ［J］. Journal of Water Resources Planning and Management，1996，122（4）：287 – 295.

［34］ Lund J R，Guzman J. Derived operating rules for reservoirs in series or in parallel ［J］. Journal of Water Resources Planning and Management，1999，125（3）：143 – 153.

［35］ Marien J L. Controllability conditions for reservoir flood control systems with applications ［J］. Water Resources Research，1984，20（11）：1477 – 1488.

［36］ Mesbah S M，Kerachian R，Nikoo M R. Developing real time operating rules for trading discharge permits in rivers：Application of Bayesian Networks ［J］. Environmental Modelling & Software，2009，24（2）：238 – 246.

［37］ Ming B，Liu P，Guo S，et al. Optimizing utility – scale photovoltaic power generation for integration into a hydropower reservoir by incorporating long – and short – term operational decisions ［J］. Applied Energy，2017，204：432 – 445.

［38］ Nalbantis I，Koutsoyiannis D. A parametric rule for planning and management of multiple – reservoir systems ［J］. Water Resources Research，1997，33（9）：2165 – 2177.

［39］ Oliveira R，Loucks D P. Operating rules for multireservoir systems ［J］. Water Resources Research，1997，33（4）：839 – 852.

［40］ Ostadrahimi L，Mariño M A，Afshar A. Multi – reservoir operation rules：multi – swarm PSO – based optimization Approach ［J］. Water Resources Management，2012，26（2）：407 – 427.

［41］ Ouarda T B M J，Labadie J W. Chance – constrained optimal control for multireservoir system optimization and risk analysis ［J］. Stochastic Environmental Research and Risk Assessment，2001，

15 (3)：185 – 204.

［42］ Ouyang S，Zhou J，Li C，et al. Optimal design for flood limit water level of cascade reservoirs ［J］. Water Resources Management，2015，29 (2)：445 – 457.

［43］ Peng Y，Chen K，Yan H，et al. Improving flood – risk analysis for confluence flooding control downstream using copula Monte Carlo method ［J］. Journal of Hydrologic Engineering，2017，22 (8)：4017018.

［44］ Plate E J. Flood risk and flood management ［J］. Journal of Hydrology，2002，267 (1 – 2)：2 – 11.

［45］ Sigvaldason O T. A simulation model for operating a multipurpose multireservoir system ［J］. Water Resources Research，1976，12 (2)：263 – 278.

［46］ Tejada – Guibert J A，Johnson S A，Stedinger J R. The value of hydrologic information in stochastic dynamic programming models of a multireservoir system ［J］. Water Resources Research，1995，31 (10)：2571 – 2579.

［47］ Wang Y，Yoshitani J，Fukami K. Stochastic multiobjective optimization of reservoirs in parallel ［J］. Hydrological Processes，2005，19 (18)：3551 – 3567.

［48］ Wei C，Hsu N. Multireservoir real – time operations for flood control using balanced water level index method ［J］. Journal of Environmental Management，2008，88 (4)：1624 – 1639.

［49］ Wei C，Hsu N. Optimal tree – based release rules for real – time flood control operations on a multipurpose multireservoir system ［J］. Journal of Hydrology，2009，365 (3 – 4)：213 – 224.

［50］ Wu S，Yang J，Tung Y. Risk analysis for flood – control structure under consideration of uncertainties in design flood ［J］. Natural Hazards，2011，58 (1)：117 – 140.

［51］ Wu Y，Chen J. Estimating irrigation water demand using an improved method and optimizing reservoir operation for water supply and hydropower generation：A case study of the Xinfengjiang reservoir in southern China ［J］. Agricultural Water Management，2013，116：110 – 121.

［52］ Xie A，Liu P，Guo S，et al. Optimal design of seasonal flood limited water levels by jointing operation of the reservoir and floodplains ［J］. Water Resources Management，2018，32 (1)：179 – 193.

［53］ Xu Y，Yu C，Zhang X，et al. Design rainfall depth estimation through two regional frequency analysis methods in Hanjiang River Basin，China ［J］. Theoretical and Applied Climatology，2012，107 (3 – 4)：［L4］563 – 578.

［54］ Yan B，Guo S，Chen L. Estimation of reservoir flood control operation risks with considering inflow forecasting errors ［J］. Stochastic Environmental Research and Risk Assessment，2014，28 (2)：359 – 368.

［55］ Yang G，Guo S，Li L，et al. Multi – objective operating rules for Danjiangkou reservoir under climate change ［J］. Water Resources Management，2016，30 (3)：1183 – 1202.

［56］ Yazdi J，Torshizi A D，Zahraie B. Risk based optimal design of detention dams considering uncertain inflows ［J］. Stochastic Environmental Research and Risk Assessment，2016，30 (5)：1457 – 1471.

［57］ Yeh W W. Reservoir management and operations models：A state – of – the – art review ［J］. Water Resources Research，1985，21 (12)：1797 – 1818.

［58］ Yun R，Singh V P. Multiple duration limited water level and dynamic limited water level for flood control，with implications on water supply ［J］. Journal of Hydrology，2008，354 (1 – 4)：160 – 170.

［59］ Zeng X，Hu T，Xiong L，et al. Derivation of operation rules for reservoirs in parallel with joint water demand ［J］. Water Resources Research，2015，51 (12)：9539 – 9563.

［60］ Zhang S，Kang L，He X. Equal proportion flood retention strategy for the leading multireservoir system in upper Yangtze River ［C］. International Conference on Water Resources and Environment，Beijing，2016.

［61］ Zhang X，Liu P，Xu C，et al. Conditional value－at－risk for nonstationary streamflow and its application for derivation of the adaptive reservoir flood limited water level ［J］. Journal of Water Resources Planning and Management，2018，144（3）：4018005.

［62］ Zhang X，Liu P，Xu C，et al. Derivation of hydropower rules for multireservoir systems and its application for optimal reservoir storage allocation ［J］. Journal of Water Resources Planning and Management，2019，145（5）：4019010.

［63］ Zhang X，Liu P，Xu C，et al. Real－time reservoir flood control operation for cascade reservoirs using a two－stage flood risk analysis method ［J］. Journal of Hydrology，2019，577：123954.

［64］ Zhou Y，Guo S，Chang F，et al. Methodology that improves water utilization and hydropower generation without increasing flood risk in mega cascade reservoirs ［J］. Energy，2018，143：785－796.

［65］ Zhou Y，Guo S，Liu P，et al. Joint operation and dynamic control of flood limiting water levels for mixed cascade reservoir systems ［J］. Journal of Hydrology，2014，519：248－257.

［66］ Zhou Y，Guo S，Liu P，et al. Derivation of water and power operating rules for multi－reservoirs ［J］. Hydrological Sciences Journal，2015，61（2）：359－370.

［67］ Zhu F，Zhong P，Sun Y，et al. Real－time optimal flood control decision making and risk propagation under multiple uncertainties ［J］. Water Resources Research，2017，53（12）：10635－10654.

［68］ 蔡文君. 梯级水库洪灾风险分析理论方法研究 ［D］. 大连：大连理工大学，2015.

［69］ 曹永强. 汛限水位动态控制方法研究及其风险分析 ［D］. 大连：大连理工大学，2003.

［70］ 曹永强，殷峻暹，胡和平. 水库防洪预报调度关键问题研究及其应用 ［J］. 水利学报，2005，36（1）：51－55.

［71］ 车小磊. 水资源管理　强力支撑可持续发展 ［J］. 中国水利，2019（19）：62－63.

［72］ 陈桂亚. 长江流域水库群联合调度关键技术研究 ［J］. 中国水利，2017（14）：11－13.

［73］ 陈桂亚，郭生练. 水库汛期中小洪水动态调度方法与实践 ［J］. 水力发电学报，2012，31（4）：22－27.

［74］ 陈炯宏，郭生练，刘攀，等. 梯级水库汛限水位联合运用和动态控制研究 ［J］. 水力发电学报，2012，31（6）：55－61，114.

［75］ 陈璐，卢韦伟，周建中，等. 水文预报不确定性对水库防洪调度的影响分析 ［J］. 水利学报，2016，47（1）：77－84.

［76］ 陈西臻，刘攀，何素明，等. 基于聚合-分解的并联水库群防洪优化调度研究 ［J］. 水资源研究，2015，4（1）：23－31.

［77］ 翟宜峰，侯召成，曹永强. 水库防洪分类预报调度设计方法研究 ［J］. 水力发电学报，2006，25（2）：74－77.

［78］ 刁艳芳，王本德. 基于不同风险源组合的水库防洪预报调度方式风险分析 ［J］. 中国科学：技术科学，2010，40（10）：1140－1147.

［79］ 丁大发，吴泽宁，贺顺德，等. 基于汛限水位选择的水库防洪调度风险分析 ［J］. 水利水电技术，2005，36（3）：58－61.

［80］ 丁伟，周惠成. 水库汛限水位动态控制研究进展与发展趋势 ［J］. 中国防汛抗旱，2018，28（6）：6－10.

［81］ 董前进，曹广晶，王先甲，等. 水库汛限水位动态控制风险分析研究进展 ［J］. 水利水电科技进展，2009，29（3）：85－89.

［82］ 董四辉. 水库防洪预报调度及灾情评价理论研究与应用 ［D］. 大连：大连理工大学，2005.

［83］ 杜宇. 水库群联合防洪调度风险分析与多属性风险决策研究 ［D］. 武汉：华中科技大学，2018.

［84］ 段唯鑫，郭生练，张俊，等. 丹江口水库汛期水位动态控制方案研究 ［J］. 人民长江，2018，49（1）：7－12.

［85］ 顿晓晗，周建中，张勇传，等．水库实时防洪风险计算及库群防洪库容分配互用性分析［J］．水利学报，2019，50（2）：209－217，224.

［86］ 冯平，陈根福，卢永兰，等．水库联合调度下超汛限蓄水的风险效益分析［J］．水力发电学报，1995（2）：8－16.

［87］ 冯平，徐向广，温天福，等．考虑洪水预报误差的水库防洪控制调度的风险分析［J］．水力发电学报，2009，28（3）：47－51.

［88］ 郭生练，陈炯宏，栗飞，等．清江梯级水库汛限水位联合设计与运用［J］．水力发电学报，2012，31（4）：6－11.

［89］ 郭生练，陈炯宏，刘攀，等．水库群联合优化调度研究进展与展望［J］．水科学进展，2010，21（4）：496－503.

［90］ 何海祥，顾圣平，邵雪杰，等．梯级水库汛限水位动态控制域计算模型［J］．三峡大学学报（自然科学版），2017，39（2）：6－9.

［91］ 何小聪，丁毅，李书飞．基于等比例蓄水的长江中上游三座水库群联合防洪调度策略［J］．水电能源科学，2013，31（4）：38－41.

［92］ 洪兴骏，余蔚卿，任金秋，等．丹江口水利枢纽汛期运行水位优化研究与应用［J］．人民长江，2022，53（2）：27－34.

［93］ 侯西勇，王毅．水资源管理与生态文明建设［J］．中国科学院院刊，2013，28（2）：255－263.

［94］ 侯召成，翟宜峰，殷峻暹．水库防洪预报调度风险分析研究［J］．中国水利水电科学研究院学报，2005，3（1）：16－21.

［95］ 胡宇丰．黄龙滩水库洪水预报调度研究［D］．南京：河海大学，2005.

［96］ 黄强，苗隆德，王增发．水库调度中的风险分析及决策方法［J］．西安理工大学学报，1999，15（4）：6－10.

［97］ 吉超盈．梯级水库设计洪水计算的理论与方法研究［D］．西安：西安理工大学，2005.

［98］ 纪昌明，梅亚东，编著．洪灾风险分析［M］．武汉：湖北科学技术出版社，2000.

［99］ 李安强，张建云，仲志余，等．长江流域上游控制性水库群联合防洪调度研究［J］．水利学报，2013，44（1）：59－66.

［100］ 李茜，彭勇，彭兆亮，等．基于库容补偿分析确定葰窝水库汛限水位研究［J］．南水北调与水利科技，2011，9（3）：39－42.

［101］ 李响，郭生练，刘攀，等．三峡水库汛期水位控制运用方案研究［J］．水力发电学报，2010，29（2）：102－107.

［102］ 李旭光．水库汛限水位控制若干重要问题研究及应用［D］．大连：大连理工大学，2008.

［103］ 李旭光，王本德．基于洪水预报调度方式的汛限水位设计方法探讨［J］．水力发电学报，2009，28（3）：52－56.

［104］ 李妍清．汉江安康水库洪水资源调控研究［D］．武汉：武汉大学，2013.

［105］ 刘昌明，陈志恺．中国水资源现状评价和供需发展趋势分析［M］．北京：中国水利水电出版社，2001.

［106］ 刘攀，郭生练，郭富强，等．清江梯级水库群联合优化调度图研究［J］．华中科技大学学报（自然科学版），2008，36（7）：63－66.

［107］ 罗成鑫，周建中，袁柳．流域水库群联合防洪优化调度通用模型研究［J］．水力发电学报，2018，37（10）：39－47.

［108］ 梅亚东．水库调度研究的若干进展［J］．湖北水力发电，2008（1）：47－50.

［109］ 钱正英，张光斗．中国可持续发展水资源战略研究综合报告及各专题报告［M］．北京：中国水利水电出版社，2001.

［110］ 邱天珍．鸭河口水库雨洪资源利用与效益分析［J］．河南水利与南水北调，2011（2）：16－18.

[111] 曲寿飞，阎林，王国利. 水库群汛限水位实时动态控制关键问题的解决方法 [J]. 水电能源科学，2015，33（12）：55-58.

[112] 申敏，延耀兴. 漳泽水库库群防洪实时优化调度模型研究 [J]. 科技情报开发与经济，2003，13（4）：111-113.

[113] 中华人民共和国水利部. 水利工程水利计算规范：SL104—1995 [S]. 北京：中国水利水电出版社，1995.

[114] 中华人民共和国水利部. 水利水电工程设计洪水计算规范：SL44—2006 [S]. 北京：中国水利水电出版社，2006.

[115] 宋建新，刘可. 水是生命之源 [N]. 中国矿业报，2019-11-27.

[116] 谭乔凤，雷晓辉，王浩，等. 考虑梯级水库库容补偿和设计洪水不确定性的汛限水位动态控制域研究 [J]. 工程科学与技术，2017，49（1）：60-69.

[117] 王本德，周惠成，程春田，等. 可利用丰满气象台短期降雨预报时效分析 [J]. 水利管理技术，1994（4）：41-46.

[118] 王本德，周惠成，李敏. 水库汛限水位动态控制理论与方法及其应用 [M]. 北京：中国水利水电出版社，2006.

[119] 王本德，周惠成，张改红. 水库汛限水位动态控制方法研究发展现状 [J]. 南水北调与水利科技，2007，5（3）：43-46.

[120] 王栋，朱元甡. 防洪系统风险分析的研究评述 [J]. 水文，2003，23（2）：15-20.

[121] 吴泽宁，胡彩虹，王宝玉，等. 黄河中下游水库汛限水位与防洪体系风险分析 [J]. 水利学报，2006，37（6）：641-648.

[122] 徐雨妮，付湘. 水库群系统发电调度的合作博弈研究 [J]. 人民长江，2019，50（6）：211-218.

[123] 徐长江. 设计洪水计算方法及水库防洪标准比较研究 [D]. 武汉：武汉大学，2016.

[124] 闫宝伟，郭生练. 考虑洪水过程预报误差的水库防洪调度风险分析 [J]. 水利学报，2012，43（7）：803-807.

[125] 尹家波，刘松，胡永光，等. 潘口水库汛期水位动态控制研究 [J]. 水资源研究，2014，3（5）：386-394.

[126] 余蔚卿，饶光辉，孟明星. 三里坪水利水电枢纽防洪效果分析 [J]. 人民长江，2012，43（6）：20-22.

[127] 张改红. 基于防洪预报调度的水库汛限水位设计与控制研究 [D]. 大连：大连理工大学，2007.

[128] 张静. 水库防洪分类预报调度方式研究及风险分析 [D]. 大连：大连理工大学，2008.

[129] 张文雅. 基于改进人工蜂群算法的水库群防洪优化调度及风险分析研究 [D]. 武汉：华中科技大学，2017.

[130] 张验科，张佳新，俞洪杰，等. 考虑动态洪水预见期的水库运行水位动态控制 [J]. 水力发电学报，2019，38（9）：64-72.

[131] 长江水利委员会编. 三峡工程综合利用与水库调度研究 [M]. 武汉：湖北科学技术出版社，1997.

[132] 赵铜铁钢. 考虑水文预报不确定性的水库优化调度研究 [D]. 北京：清华大学，2013.

[133] 郑守仁. 水库群防洪库容联合运用、科学调度是发挥防洪兴利综合效益的关键 [N]. 科技日报，2018-05-22.

[134] 钟平安. 流域实时防洪调度关键技术研究与应用 [D]. 南京：河海大学，2006.

[135] 钟平安，曾京. 水库实时防洪调度风险分析研究 [J]. 水力发电，2008（2）：8-9.

[136] 钟平安，孔艳，王旭丹，等. 梯级水库汛限水位动态控制域计算方法研究 [J]. 水力发电学报，2014，33（5）：36-43.

[137] 钟平安，李兴学，张初旺，等. 并联水库群防洪联合调度库容分配模型研究与应用 [J]. 长江科

学院院报，2003，20（6）：51-54.

[138] 周惠成，董四辉，邓成林，等. 基于随机水文过程的防洪调度风险分析 [J]. 水利学报，2006，37（2）：227-232.

[139] 周惠成，朱永英，王本德，等. 水库汛限水位动态控制的模糊推理方法研究与应用 [J]. 水力发电，2007，33（7）：9-12.

[140] 周建中，顿晓晗，张勇传. 基于库容风险频率曲线的水库群联合防洪调度研究 [J]. 水利学报，2019，50（11）：1318-1325.

[141] 周如瑞. 并联水库群防洪预报调度方式及其风险分析研究 [D]. 大连：大连理工大学，2017.

[142] 周如瑞，卢迪，王本德，等. 基于贝叶斯定理与洪水预报误差抬高水库汛限水位的风险分析 [J]. 农业工程学报，2016，32（3）：135-141.

[143] 周研来. 梯级水库群联合优化调度运行方式研究 [D]. 武汉：武汉大学，2014.

[144] 周研来，郭生练，段唯鑫，等. 梯级水库汛限水位动态控制 [J]. 水力发电学报，2015，34（2）：23-30.

第2章

研究区域工程概况及水文特性

2.1 汉江流域概况

2.1.1 汉江流域自然地理特征

汉江流域位于东经 $106°15'\sim114°20'$，北纬 $30°10'\sim34°20'$，流域面积约 15.9 万 km^2。西北至东南长约 820km，南北最宽约 320km，最窄约 180km。流域北部以秦岭、外方山与黄河流域分界，分水岭高程 $1000\sim2500m$；东北以伏牛山、桐柏山构成与淮河流域的分水岭，高程在 1000m 左右；西南以大巴山、荆山与嘉陵江、沮漳河为界，分水岭一般高程 $1500\sim2000m$；东南为江汉平原，与长江无明显分水界限。流域地势西高东低，由西部的中低山区向东逐渐降至丘陵平原区，西部秦巴山地高程 $1000\sim3000m$，中部南襄盆地及周缘丘陵高程在 $100\sim300m$，东部江汉平原高程一般在 $23\sim40m$。西部最高为太白山主峰，海拔 3767m，东部河口高程 18m，干流总落差 1964m。汉江流域水情站网分布图如图 2.1 所示。

汉江是长江中游最大的支流，丹江口以上为上游，河长约 925km，控制流域面积 9.52 万 km^2，落差占汉江总落差的 90%；河床坡降大，勉县至丹江口河段平均比降约 0.6‰，水能资源丰富。入汇的主要支流左岸有褒河、旬河、夹河、丹江；右岸有任河、堵河。上游主要为中低山区，占 79%，丘陵占 18%，河谷盆地仅占 3%。

丹江口至钟祥（皇庄）为中游，河长 270km，占汉江总长的 17%，控制流域面积 4.68 万 km^2。中游以平原为主，占 51.6%，山地占 24.4%，丘陵占 23%。河段流经丘陵及河谷盆地，平均比降 0.19‰，河床不稳定，时冲时淤，沙滩甚多。中游区间的主要支流左岸有唐白河，右岸有南河和蛮河。

钟祥（皇庄）以下为下游，全长 382km，集水面积 1.7 万 km^2，河床比降小，平均比降为 0.06‰。两岸筑有堤防，河道逐渐缩窄，洲滩较多，在泽口处有东荆河分流汇入长江。下游平原占 51%，主要为江汉平原，丘陵占 27%，山地占 22%，下游区

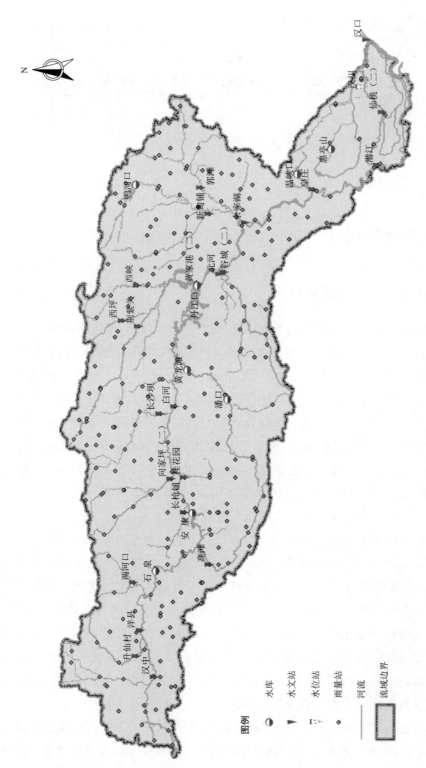

图 2.1　汉江流域水情站网分布示意图

图例

水库
水文站
水位站
雨量站
河流
流域边界

间的主要支流为左岸的汉北河。

　　汉江流域水系发育，呈叶脉状，支流一般短小，左右岸支流不平衡，流域面积大于 1000km² 的一级支流共有 19 条，其中集水面积在 1 万 km² 以上的有唐白河和堵河；集水面积在 5000～10000km² 的有旬河、夹河、丹江和南河。

　　汉江干流较大的水利枢纽有安康、丹江口等，各支流也规划有梯级水库，但大多库容较小。为抵御洪水，汉江中下游还建有杜家台分洪工程和 14 个分蓄洪区，其中杜家台分洪闸位于汉江下游右岸、湖北省仙桃市以下 7km 处，分洪区内建有分洪水道及民垸。由于汉江洪水频发，至 2017 年，杜家台共开闸分洪 21 次，当分洪水量较小时，可直接通过分洪水道分流，分洪水量通过黄陵矶闸在武汉市沌口注入长江。14 个分蓄洪区中使用较多的主要有邓家湖、小江湖等民垸，1964 年和 1983 年大水时均炸堤运用。汉江流域的水利枢纽、堤防和分蓄洪区结合起来形成了汉江中下游防洪工程系统。

2.1.2　研究区域工程概况

　　本书以汉江流域中的安康水库、潘口水库、丹江口水库、三里坪水库以及鸭河口水库五个水库构成的串、并联形式复杂的水库群系统为研究对象，如图 2.2 汉江流域示意图所示。其中，安康水库、潘口水库分别与丹江口水库形成串联结构，三里坪水库、鸭河口水库与丹江口水库组成并联形式。

图 2.2　汉江流域示意图

　　汉江流域为长江流域最大的支流，如图 2.2 所示该流域地理位置在东经 $106°15'$～$114°20'$，北纬 $30°10'$～$34°20'N$。汉江流域水系发育，整体呈叶脉状，其流域面积约 15.9 万 km²，但左岸、右岸支流不均衡，且支流短小居多。流域多年平均年降水量呈现由上游向下游增大的变化规律，量级区间大致为 700～1100mm；流域暴雨发生的时节多在 7—10 月，划分为夏、秋季暴雨，故形成的洪水也相应分为夏、秋两季。夏汛期为 6 月中下旬至 8 月中下旬，秋汛期为 8 月中下旬至 10 月中旬。

2.1.2.1 安康水库

安康水库位于汉江干流上游陕西省安康市境内，坝址火石岩位于安康市城西 18km 处，上游距石泉水电站 170km，下游距湖北丹江口水库 260km，多年平均径流量 192 亿 m^3，控制流域集水面积 35700 km^2。安康水库为不完全年调节水库，总库容 32 亿 m^3，其中，死库容为 9.08 亿 m^3，兴利库容为 14.72 亿 m^3，防洪库容为 3.6 亿 m^3，死水位 305.00m，极限死水位 300.00m，正常蓄水位 330.00m，防洪限制水位 325.00m，设计洪水位 333.00m，校核洪水位 337.33m。在不考虑预报的情况下，水库留有 3.6 亿 m^3 的防洪库容，库水位 300.00～305.00m（约 2.0 亿 m^3）留有备用库容以保证电力系统发生事故时一台机组发电用水的需要，襄渝铁路的防洪标准为百年一遇洪水，且水库水位不得超过 330.00m，下游安康市防洪标准为 20 年一遇。

安康水利枢纽是一座以发电为主，兼有航运、防洪、养殖、旅游等多项综合效益的大型水利水电工程。工程于 1975 年 9 月筹备兴建，1978 年 4 月正式开工，1983 年 11 月截流，1989 年 12 月下闸蓄水，1990 年 12 月 12 日首台水电机组投产发电，1992 年 2 月 25 日水电机组全部并网发电。安康水电站是汉江上游陕西省境内七级梯级开发的第四级电站，也是梯级中调节能力最强，装机容量最大的电站，是西北电网重要的调峰，调频及事故备用主力电厂。设计年发电量 28.57 亿 kW·h，保证出力 175MW。电站投产发电后，使陕西电网水电比重有了大幅度的增长，提高了陕西电网的调峰、调频能力，增加了事故备用容量，大大改善了陕西电网的安全运行状况。

安康流域处于东亚副热带季风区，其降水主要来源于东南和西南两股暖湿气流，全年降水的 80% 都集中在 5—10 月。形成降雨的暖湿气流主要来源于孟加拉湾和西太平洋，由于季风气候的控制，降水在年内分配很不均匀。春暖干燥；冬季基本受西北气流的控制，降水很少；秋季受副高、青藏高压、欧亚槽、西南低压及对流性天气等影响，水汽通过成都平原翻过米仓山、大巴山进入本流域形成大的降水，所以清凉湿润并多连阴雨。本流域多年平均气温 14～16℃，极端最高气温 42℃，极端最低气温 -13℃，多年平均相对湿度 74%，最大风速 21m/s，多年平均蒸发为 848mm，最大月蒸发量出现在 6 月或 7 月，最小出现在 12 月或 1 月。多年平均无霜期 212～254 天，阴天多湿度大。

安康水库坝址以上的洪水主要是由暴雨形成，具有暴雨量大、强度集中，河槽缺乏良好的调蓄作用的特点，使得洪水的涨消极快，陡涨陡落且水量变化非常不稳定。安康水库坝址以上的流域，地形较复杂，夏、秋两季暴雨集中且河槽调蓄洪水能力小，同时支流具有坡降大、流程短、汇流快的特点，使得该河段洪水发生特别频繁。

（1）最大洪水的年际变化。安康水库 1583—2011 年发生大于 10000 m^3/s 以上的洪水有 69 次，占总数的三分之二强。1 年发生 2 次 10000m³/s 以上的洪水有 18 年；发生 3 次 10000m³/s 以上的洪水有 8 年。1981 年 1 年中发生 4 次 10000m³/s 以上的洪水。2003 年发生 10000m³/s 以上的洪水也有 4 次。但 1941—1945 年连续 5 年没发生上万流量的洪水；1969—1972 年连续 4 年没有发生上万流量的洪水。而 1955—1958 年连续 4 年发生 8 次上万流量的洪水；1962—1985 年连续发生 16 次上万流量的洪水；1989 上万流量的洪水 1993 年连续 5 年发生上万流量的洪水。实测资料的峰差之比为 9 倍，说明安康流域洪水分布很不均衡，陡涨陡落，其高值对防洪造成很大威胁，低值对电站发电效益影响很大，洪水具有频发的一面，又有突发的一面，峰谷交错发生。

（2）安康洪水的季节规律分析。1583—2011 年安康洪水最早发生在 5 月下旬，最迟发生在 10 月上旬，跨度 6 个月，其中 76% 集中在 7—9 月，且多呈双峰形洪水。若最大洪水出现在 7 月，则发生大于 10000m³/s 的洪水概率为 93%，而 9 月只有 55%。大洪水出现在 8 月底前的概率为 63%，特别是 8 月初至中旬发生洪水的概率仅为 15%，即 8 月初至 8 月中旬不发生洪水的概率为 85%。总体统计显示：7 月、8 月下旬至 9 月中旬和 10 月上旬期间，发生洪水的概率在 85%；4 月、5 月和 10 月上旬以后发生洪水的概率为 15%。

（3）安康洪水地区组成的季节规律分析。安康洪水可分为上游型洪水、区域型洪水和全流域型洪水，其中 7 月份洪水以区域型和全流域型洪水居多，8 月份以发生上游型洪水为主，9—10 月份为区域型洪水居多。以洪水形态特性分析，7—8 月份多为瘦型洪水，洪水来势凶猛，暴涨暴落，峰值大、汇流快，此类洪水是防汛重点；9—10 月份多为胖型洪水，洪水涨落相对缓慢，洪水总量较大，有利于汛末水库蓄水。

2.1.2.2　潘口水库

堵河位于鄂西北，是汉江中游、上游南岸一级支流，发源于陕西省镇坪县大巴山脉北麓，全长 354km，总落差 500 余 m。流域上宽下窄，平均海拔高程约 1055m，西南高、东北低，属山区，范围包括陕西省镇坪县、湖北省竹溪县、竹山县的全部及郧县、房县、十堰市、神农架林区的一部分，控制面积 12502km²。堵河上游分两支，西支称泗河，属干流，全长 200km，上段鄂坪以上为高山峡谷，河床陡峭，平均比降达 6‰，鄂坪以下至河口，河床平缓，平均比降 2‰，有竹溪河、县铺河、泉河及泉溪河等支流汇入；南支称官渡河，全长 120km，平均比降 2.7‰，除 5km 长的骡头峡河段外，河谷较开阔，河流曲折，沙滩较多。泗河和官渡河汇合于竹山县的两河口后称堵河。堵河全长 147km，平均比降 0.8‰，落差 120m，在距丹江口坝址 127km 处汇入汉江干流（丹江口水库）。

潘口水电站是堵河干流开发的主要控制性水利工程，地处堵河干流上游河段，位于湖北省竹山县境内，下距竹山县城约 13km，距堵河河口 135.7km，距十堰市约 162km，控制流域面积为 8950km²，占全流域面积的 71.6%。潘口水库与竹山水文站区间因无其他支流加入，区间面积仅占 1%，故潘口电站坝址径流、洪水、泥沙等成果均直接采用竹山水文站分析成果。

潘口水库主要任务是发电、兼顾防洪，具备承担下游重要防护对象竹山县城区的防洪和配合汉江中下游防洪的条件。潘口水库为年调节水库，正常蓄水位 355.00m，死水位 330.00m，水库总库容 23.38 亿 m^3，调节库容 11.2 亿 m^3，具有结合兴利预留一定防洪库容的条件。电站装机容量 513MW，年发电量 10.8 亿 kW·h；设计洪水位 357.14m，设计洪水入库流量 17800m^3/s（$P=0.1%$），设计洪水下泄流量 12500m^3/s；校核洪水位 360.82m，校核洪水流量 22700m^3/s（$P=0.01%$），校核洪水下泄流量 15800m^3/s。

2.1.2.3 丹江口水库

丹江口水利枢纽位于湖北省丹江口市，汉江与其支流丹江汇合口下游 800m 处，大坝以上控制流域面积 95200km^2。

为综合利用汉江水资源，我国于 1958 年 4 月批准兴建丹江口水利枢纽，工程建设规模为坝顶高程 176.60m，正常蓄水位 170.00m，相应库容 290.5 亿 m^3，水电厂总装机容量为 900MW 保证出力 247MW，设计能通过 300t 驳船的升船机；枢纽由两岸土石坝、混凝土坝、升船机、电站等建筑物组成。

丹江口水利枢纽初期工程于 1973 年建成，工程开发任务为防洪、发电、灌溉、航运。初期规模水库正常蓄水位 157m，相应库容 174.5 亿 m^3；死水位 140.00m，相应库容 76.5 亿 m^3；极限消落水位 139.00m，相应库容 72.3 亿 m^3；调节库容 98～102.2 亿 m^3；初期工程丹江口水库总库容 231.6 亿 m^3，最大坝高 97m，坝轴线长度 2494m；为满足汉江中下游防洪要求，设置防洪限制水位 149.00～152.20m（夏、秋），预留防洪库容 77.2 亿～55 亿 m^3，丹江口水利枢纽电站位于大坝下游，采用坝后式开发，电站装机 900MW，保证出力 247MW，多年平均发电量约 33.78 亿 kW·h；通航建筑物采用升船机，设计通航能力为 300t 级驳船。

2005 年丹江口水利枢纽大坝加高工程开工，按最终规模加高后，丹江口水利枢纽坝顶高程由现状的 162.00m 加高到 176.60m；正常蓄水位由 157.00m 提高到 170.00m，相应库容达到 290.5 亿 m^3；死水位由 140m 抬高到 150m，相应库容 126.9 亿 m^3，极限消落水位 145.00m；水库调节库容 163.6 亿～190.5 亿 m^3，由年调节水库调整为多年调节水库；为满足汉江中下游的防洪要求，以 160.00m 和 163.50m 作为水库的夏、秋汛防洪限制水位，预留防洪库容 110 亿～81.2 亿 m^3。丹江口水库作为南水北调中线一期工程的水源水库，工程任务调整为防洪、供水、发电、航运等。

丹江口水利枢纽为 I 等工程。大坝、电站及其引水建筑物和通航建筑物的挡水部分等主要建筑物均为 1 级建筑物。升船机通航等级为五级，其主要建筑物为 2 级建筑物，次要建筑物为 3 级建筑物。根据丹江口大坝加高工程的特点，丹江口大坝加高工程以河床溢流坝段 15[#] 和 16[#] 坝段间的横缝为界，分左、右岸两个土建及金属结构安装工程标进行招标施工，其中，左岸标包括 16[#] 坝段及以左大坝加高全部土建、金属结构改造及安装、机电设备安装等工程、16[#]～24[#] 坝段的闸墩加固；右岸标包括 15[#] 坝段及以右大坝加高和升船机改造全部土建、金属结构改造及安装、机电设备安装等工程。

由于流域暴雨具有量大且强度集中的特点，但流域河槽的调蓄作用却有限，从而导致洪水涨消极快且水量变化幅度很不稳定，故丹江口入库断面以上流域洪水主要由暴雨形成。白河水文站是丹江口水利枢纽重要的入库径流代表站，而皇庄站为整个汉江流域中游的关键防洪控制站点。丹江口水库作为汉江上中游控制性工程，防洪是其首要任务，防洪调度采取预报预泄、分级控泄、补偿调节方式。现状条件下遇 1935 年同大洪水（相当 100 年一遇），经水库调节与配合新城以上民垸分蓄洪（约 24 亿 m³）及杜家台分洪工程运用，可保证汉江遥堤及汉江干堤安全。大坝加高后，遇 1935 年同大洪水，经水库调节及杜家台分洪工程配合运用，新城以上个别民垸分蓄洪（约 2.72 亿 m³）配合，可保证汉江遥堤及汉江干堤安全。

2.1.2.4　三里坪水库

南河发源于大神农架东南麓的韭菜垭子，由西南向东北流经神农架林区、房县、保康、谷城四县区，在谷城县下首 5km 汇入汉江，南河干流长 267km。三里坪水电枢纽是南河梯级开发的"龙头"水库，地处南河干流中游粉青河上，坝址位于湖北省十堰市房县青峰镇龙潭峪村三里坪自然村下游约 1km，距离房县县城约 50km、距谷城县城城关约 133km。三里坪水库控制来水面积 1964km²，占南河全流域面积 6497km² 的 30.2%。

水库 500 年一遇设计洪峰流量 5340m³/s，2000 年一遇洪峰流量 6620m³/s。水库水库总库容 4.99 亿 m³，正常蓄水位为 416.00m，兴利库容 2.11 亿 m³，预留防洪库容 1.21 亿（夏）～0.41 亿（秋）m³。电站装机容量 70MW，保证出力 12.4MW，年发电量 1.83 亿 kW·h，装机利用小时 2620h。三里坪枢纽建成后还可增加南河下游寺坪、过渡湾、白水峪、胡家渡、庙子头，金盆沟等梯级的发电量和保证出力。

三里坪水库开发任务是以防洪、发电为主，兼顾灌溉等综合利用，配合丹江口水库运用，可有效地减少汉江中下游分蓄洪量；同时，三里坪控制了南河主要洪水来源，可提高南河下游，特别是谷城县城的抗洪能力。工程由大坝及坝身泄洪建筑物、右岸发电引水隧洞、地面式厂房等组成，工程等级 II 级。电站为坝后式，坝型为混凝土双曲拱坝，最大坝高 133.0m，坝轴线长 286.64m。

南河流域属副热带气候区，雨量充沛、气候温和，年平均气温 14.1℃，最高气温 42℃，最低气温－19.7℃，上游气温比下游气温低 3～5℃。历年最大风速 19m/s。流域多年平均降水量 890mm；坝址多年平均径流深 475.3mm，多年平均径流总量 9.03 亿 m³，多年平均流量 28.6m³/s。

南河流域洪水由暴雨形成,汛期 4—10 月,年最大洪水在汛期各月均有可能发生。南河属山溪性河流,坡陡流急,洪水汇流快,一般一次洪水历时单峰为三天,复峰可达 5 天,但洪水总量主要集中在 3 天以内。坝址 500 年一遇的设计洪峰流量 5340m³/s,2000 年一遇的校核洪峰流量 6620m³/s;粉青河泥沙相对较少,坝址以上多年平均含沙量 0.9kg/m³,年输沙总量 84.2 万 t,按 50 年淤积年限计,坝前淤沙高程为 325m。

台口及台口(二)站分别位于三里坪坝址下游 15.5km 及约 9km 处,集水面积为坝址控制面积的 1.07 倍和 1.055 倍,是三里坪水电枢纽水文计算的依据站。台口(二)站原名台口站,1958 年设于保康县台口乡七里边村,观测水位、流量至 1970 年,1969 年 12 月上迁约 6.5km 后改称台口(二)站,观测至今。

2.1.2.5 鸭河口水库

鸭河口水库坝址位于河南省南召县境内,地处汉江支流唐白河水系。该水库控制流域面积 3030km²,占白河干流集水面积 12270km² 的 24.7%,多年平均流量 34.66m³/s,是白河上的主要防洪控制工程。鸭河口水库工程开发以防洪和灌溉为主要任务,此外兼顾发电、养殖及城市洪水等目标,主要承担南阳市防洪(距水库坝址 40km)和唐白河中下游灌溉,可将南阳市防洪标准由 20 年一遇提高至 100 年一遇,拦蓄丹—皇区间来水,减轻襄阳市城市防洪压力。

鸭河口水库 1958 年开工,校核洪水位 181.50m,相应总库容 13.39 亿 m³,按《防洪标准》(GB 50201—1994)和《水利水电工程等级划分及洪水标准》(SL 252—2000)有关规定,鸭河口水库工程洪水标准,采用千年一遇洪水设计,万年一遇洪水校核。百年一遇洪峰流量为 12900m³/s;千年一遇洪峰流量 17400m³/s,设计洪水位 179.50m,相应库容 11.19 亿 m³;万年一遇洪峰流量 26000m³/s。电站装机容量 12.0MW,多年平均发电量 0.36 亿 kW·h。

鸭河口水库主要水工建筑物包括拦河坝、溢洪道、输水洞和电站。其中拦河大坝为黏土心墙砂壳坝,全长 3294m(其中主坝长 1400m),坝顶高程 183.00m,最大坝高 34m。

2.1.2.6 研究区域水利枢纽工程特性及资料情况

本书采用的径流资料为安康水库和丹江口水库 1954—2010 年共计 57 年的日径流资料,潘口水库、三里坪水库和鸭河口水库 1960—1990 年、2006—2010 年共计 36 年日径流资料。所选取为研究对象的五个水库特征参数见表 2.1,防洪调度规则见表 2.2,以及各水库设计洪水成果见表 2.3~表 2.8。需要说明的是,本书后续核心章节中的研究实例均设置为两个,研究实例一选取为安康—丹江口构成的两库串联系统,用于详细阐述章节的研究方法与结果讨论分析;研究实例二选取为汉江流域五库群系统,目的在于在单一的串联系统(研究实例一)基础上进一步将相应的章节研究方法进行拓展,分析复杂的串并联水库群系统中的应用结果。

表 2.1 五个水库特征参数表

特征参数	单位	参 数 值				
		安康水库	潘口水库	丹江口水库	三里坪水库	鸭河口水库
总库容	亿 m³	32.00	23.38	339.10	4.99	13.39
夏汛相应库容	亿 m³	20.75	15.71	198.20	3.48	7.20
秋汛相应库容	亿 m³	22.19		228.00	4.30	
夏汛水位	m	325.00	347.60	160.00	403.00	175.70
秋汛水位	m	327.00		163.50	412.00	
正常蓄水位	m	330.00	355.00	170.00	416.00	177.00
设计洪水位	m	333.00 ($P=0.1\%$)	357.14 ($P=0.1\%$)	172.20 ($P=0.1\%$)	416.30 ($P=0.2\%$)	179.84 ($P=0.1\%$)
校核洪水位	m	337.33 ($P=0.01\%$)	360.82 ($P=0.01\%$)	173.60 ($P=0.01\%$)	418.50 ($P=0.05\%$)	181.50 ($P=0.01\%$)
死水位	m	305.00	330.00	150.00	392.00	160.00
装机容量	MW	850	500	900	70	14
年发电量	亿 kW·h	28	10.5	38	1.8	0.4448

注：表中 $P=X\%$ 代表设计洪水的设计频率值（X 取值为 0.01、0.05、0.1 和 0.2）。

表 2.2 五个水库防洪调度规则

水库名称	防 洪 调 度 规 则
安康水库	（1）当入库流量 $I\leqslant12000\mathrm{m}^3/\mathrm{s}$ 时，水库下泄流量 $Q=I$。 （2）当 $12000\mathrm{m}^3/\mathrm{s}<I\leqslant15100\mathrm{m}^3/\mathrm{s}$，且库水位 $z\leqslant326.00\mathrm{m}$ 时，Q 按 $12000\mathrm{m}^3/\mathrm{s}$ 控泄；$z>326.00\mathrm{m}$ 时，$Q=I$。 （3）当 $15100\mathrm{m}^3/\mathrm{s}<I\leqslant17000\mathrm{m}^3/\mathrm{s}$，且 $z>326.00\mathrm{m}$ 时，$Q=I$。 （4）当 $17000\mathrm{m}^3/\mathrm{s}<I\leqslant21500\mathrm{m}^3/\mathrm{s}$，且 $326.00\mathrm{m}<z\leqslant328.00\mathrm{m}$ 时，Q 按 $17000\mathrm{m}^3/\mathrm{s}$ 控泄；$z>328.00\mathrm{m}$ 时，$Q=I$。 （5）当 $21500\mathrm{m}^3/\mathrm{s}<I\leqslant24200\mathrm{m}^3/\mathrm{s}$，且 $z>328.00\mathrm{m}$ 时，$Q=I$。 （6）当 $I>24200\mathrm{m}^3/\mathrm{s}$，按水库泄流能力下泄。 结合安康市城区防洪标准，补充以下三级水库泄流方案：①若遇 5 年一遇及以下洪水且入库流量 $I\geqslant15100\mathrm{m}^3/\mathrm{s}$，$Q$ 按 $12000\mathrm{m}^3/\mathrm{s}$ 控泄；②若遇 20 年一遇及以下洪水且入库流量 $I\geqslant21500\mathrm{m}^3/\mathrm{s}$，$Q$ 按 $17000\mathrm{m}^3/\mathrm{s}$ 控泄；③若遇 100 年一遇及以下洪水时，控制库水位 z 不超过 330.00m（考虑上游襄渝铁路防洪要求）
潘口水库	（1）当入库流量小于 $8680\mathrm{m}^3/\mathrm{s}$ 时，如来水小于枢纽泄流能力按来量下泄，来水大于枢纽泄流能力按泄流能力下泄。 （2）当入库流量大于 $8680\mathrm{m}^3/\mathrm{s}$ 且小于 $10600\mathrm{m}^3/\mathrm{s}$ 时，下泄流量不超过 $8680\mathrm{m}^3/\mathrm{s}$。 （3）当入库流量大于等于 $10600\mathrm{m}^3/\mathrm{s}$ 后，根据枢纽运行状况和汉江流域防洪形势，控制泄量尽量不超过 $10900\mathrm{m}^3/\mathrm{s}$；当库水位达到防洪高水位 358.40m 后，按保枢纽防洪安全方式调度
丹江口水库	（1）当入库流量小于等于 10 年一遇洪水时，在夏季、秋季分别按 $11000\mathrm{m}^3/\mathrm{s}$、$12000\mathrm{m}^3/\mathrm{s}$ 控制皇庄站流量，分别按 167.00m、168.60m 分别控制坝前最高水位。 （2）当入库流量大于 10 年一遇但小于等于 20 年一遇洪水时，在夏季、秋季分别按 $16000\mathrm{m}^3/\mathrm{s}$、$17000\mathrm{m}^3/\mathrm{s}$ 控制皇庄站流量，在夏季、秋季均按 170.00m 控制坝前最高水位。 （3）当入库流量大于 20 年一遇但小于等于秋季 100 年一遇洪水（或同 1935 年大洪水），在夏季、秋季分别按 $20000\mathrm{m}^3/\mathrm{s}$、$21000\mathrm{m}^3/\mathrm{s}$ 控制皇庄站流量，分别按 171.70m、171.60m 控制坝前最高水位。 （4）当入库流量大于秋季 100 年一遇洪水（或同 1935 年大洪水）且小于等于 1000 年一遇洪水时，在夏季、秋季水库下泄流量均按 $30000\mathrm{m}^3/\mathrm{s}$ 控泄，但分别按 172.05m、172.20m 控制水库坝前最高水位；当来水大于 1000 年一遇洪水，水库根据泄流能力下泄，一般情况下，最大下泄流量不大于入库流量

续表

水库名称	防 洪 调 度 规 则
三里坪水库	(1) 当入库流量小于 1000m³/s 时，使出库等于入库，在夏、秋季分别按 403.00m、412.00m 控制坝前最高水位。 (2) 当入库流量大于等于 1000m³/s 以上时，同时刻襄阳经丹江口水库调节以后洪水在夏、秋季分别达 7000m³/s、6000m³/s 以上时，水库在夏季、秋季分别按 700m³/s、685m³/s 控制下泄流量，但库水位不超过防洪高水位 416.00m。 (3) 水库水位超防洪高水位 416.00m 时，以控制水库泄量不大于入库来水的方式敞泄
鸭河口水库	(1) 当库水位在 175.70~179.10m（100 年一遇水位）之间，入库流量小于 2600m³/s 时，按入库流量下泄；大于 2600m³/s 时，按 2600m³/s 控泄。 (2) 当库水位超过 100 年一遇水位 179.10m 时，若入库流量小于水库泄流能力时，则按入库流量下泄，但确保后一个时段泄量不得小于前一时段；若入库流量大于水库泄流能力时，按泄流能力下泄

表 2.3 安康水库设计洪水成果表

分期	洪水要素	统 计 参 数			设 计 值						
		均值	C_V	C_S/C_V	0.01%	0.10%	1%	2%	5%	10%	20%
前汛期	$Q_m/(m³/s)$	5500	0.66	2.0	22600	18500	14100	12700	10800	9300	7600
	$W_{1d}/亿 m³$	4	0.68	2.7	22	18	13	11	9	8	6
	$W_{3d}/亿 m³$	9	0.74	2.1	51	40	28	25	20	16	12
	$W_{7d}/亿 m³$	12	0.77	3.0	76	59	42	37	29	24	18
主汛期	$Q_m/(m³/s)$	11500	0.52	2.0	47700	39000	29800	26800	22800	19600	16000
	$W_{1d}/亿 m³$	8	0.51	2.4	34	28	21	19	16	14	11
	$W_{3d}/亿 m³$	17	0.49	2.1	67	55	43	39	33	29	24
	$W_{7d}/亿 m³$	24	0.49	2.6	94	77	59	54	46	40	33
后汛期	$Q_m/(m³/s)$	6300	0.74	2.0	39300	30700	21900	19100	15400	12600	9600
	$W_{1d}/亿 m³$	5	0.75	2.1	31	24	17	15	12	10	7
	$W_{3d}/亿 m³$	11	0.78	2.2	63	46	38	33	27	21	16
	$W_{7d}/亿 m³$	16	0.77	2.4	86	72	55	49	39	30	22

表 2.4 潘口水库设计洪水成果表

时 段	统 计 参 数			设 计 值						
	均值	C_V	C_S/C_V	0.01%	0.02%	0.05%	0.1%	0.2%	0.5%	1%
$Q_M/(m³/s)$	4460	0.55	3.0	22700	21200	19300	17800	16300	14300	12800
$W_{1d}/亿 m³$	2.64	0.59	3.0	14.6	13.7	12.4	11.4	10.4	9.06	8.06
$W_{3d}/亿 m³$	4.92	0.61	3.0	28.4	26.5	23.9	22.0	20.0	17.4	15.5

表2.5   丹江口水库设计洪水成果表

站名	时段	季别	$\overline{X}$	C_V	C_S/C_V	设计频率 P						
						0.01%	0.1%	1%	2%	5%	10%	20%
丹江口	洪峰	年	15700	0.60	2.5	82300	64900	47000	41600	34200	28300	22300
		夏	12600	0.70	2.5	80200	61800	43300	37500	30100	24200	18400
		秋	12000	0.68	2.5	73600	56900	40100	35000	28100	22800	17400
	7日洪量	年	50.0	0.58	2.0	234	188	141	126	105	89.0	71.3
		夏	37.5	0.72	2.0	226	177	126	111	90	73.5	56.6
		秋	40.0	0.67	2.0	221	174	127	112	91.6	76.0	59.2
	15日洪量	年	74.9	0.54	2.0	324	263	200	179	151	129	105
		夏	56.5	0.60	2.0	274	219	163	145	121	102	81.2
		秋	61.1	0.64	2.0	320	254	186	165	136	114	89.0

表2.6   碾盘山（皇庄）及丹～皇区间设计洪水成果表

站名	时段	季别	$\overline{X}$	C_V	C_S/C_V	设计频率 P						
						0.01%	0.1%	1%	2%	5%	10%	20%
碾盘山（皇庄）	洪峰	年	16700	0.57	2.5	82700	65600	48000	42600	35200	29500	23500
		秋	13000	0.66	2.5	76700	59700	42400	37100	30000	24300	18700
	7日洪量	年	60.4	0.60	2.0	293	234	175	155	130	109	86.9
		秋	48.0	0.68	2.0	270	213	154	136	111	91.7	71.0
丹—碾区间	7日洪量	年	14.5	0.92	2.0	119	91.0	60.0	52.6	41.0	32.1	23.0
		夏	13.0	0.98	2.0	117	88.0	59.0	50.2	38.0	29.6	20.8
		秋	7.5	0.83	2.0	53.9	41.5	28.8	25.0	19.7	15.8	11.6

表2.7   三里坪水库设计洪水成果表

阶段	系列	项目	频率 P						
			0.02%	0.10%	1%	2%	5%	10%	20%
2000年可研	1959—1997年	$Q_{洪峰}/(m^3/s)$	7460	5980	3890	3260	2470	1880	1310
		$W_{1d}/亿\ m^3$	3.07	2.51	1.7	1.45	1.13	0.9	0.66
		$W_{3d}/亿\ m^3$	5.02	4.11	2.82	2.43	1.92	1.53	1.15
2006年初步设计	1959—2003年	$Q_{洪峰}/(m^3/s)$	7460	5980	3890	3260	2470	1880	1310
		$W_{1d}/亿\ m^3$	3.66	2.95	1.94	1.64	1.25	0.97	0.69
		$W_{3d}/亿\ m^3$	5.42	4.4	2.98	2.54	1.98	1.57	1.15

表 2.8　　　　　　　　　　　鸭河口水库设计洪水成果表

阶　段	项　目	频　率　P		
		0.01%	0.1%	1%
1977 年成果	洪峰/(m³/s)	21700	17400	12900
	W_{1d}/亿 m³	7.28	5.83	4.34
	W_{3d}/亿 m³	14.2	11.1	7.98
	W_{7d}/亿 m³	17.18	13.54	9.82
2007 年成果	洪峰/(m³/s)	21041	16610	12036
	W_{1d}/亿 m³	7.12	5.66	4.14
	W_{3d}/亿 m³	14.27	11.06	7.79
	W_{7d}/亿 m³	17.24	13.51	9.68

2.2　汉江流域水文气象特征

2.2.1　气候特征

汉江流域处于东亚副热带季风区，其降水主要来源于东南和西南两股暖湿气流。形成降雨的暖湿气流主要来源于孟加拉湾和西太平洋，由于季风气候的控制，降水在年内分配很不均匀，春暖干燥。冬季基本受西北气流的控制，降水很少。秋季受副高及青藏高压、欧亚槽、西南低压及对流性天气等影响，水汽通过成都平原翻过米仓山、大巴山进入本流域形成大的降水，所以清凉湿润并多连阴雨。流域多年平均气温 14～16℃，极端最高气温 42℃，极端最低气温 −13℃，多年平均相对湿度 74%，最大风速 21m/s，多年平均蒸发量为 848mm，最大月蒸发量出现在 6 月或 7 月，最小出现在 12 月或 1 月。多年平均无霜期 212～254 天，阴天多湿度大。流域多年平均年降水量为 700～1100mm，由上游向下游增大，上游地区由南向北减少。暴雨经常发生在 7—10 月，有夏季暴雨与秋季暴雨之分，相应的洪水也有夏季洪水与秋季洪水，夏季洪水一般发生在 8 月下旬以前，往往是全流域性的，峰高量大，如 1935 年 7 月和 2010 年 7 月洪水；秋季洪水一般发生在 8 月下旬以后，主要来水区为汉江上游，多为连续性洪峰，历时长、洪量大。如 1964 年 10 月、1983 年 10 月、2003 年 9 月、2005 年 10 月和 2011 年 9 月洪水。

2.2.2　降水特征

由于纬度和地形条件的差异，降水量呈现南岸大于北岸，上游略大于下游的地区分布规律。流域内有三个降水量 900mm 以上的高值带。流域西南部米仓山、大巴山高值带,其高值区雨量分别为 1800mm 和 1500mm;流域西北角秦岭山地高值带,高值区雨量 1000mm;流域东南部及东部郧县以下河段以南及皇庄、唐河一线地区高值带,汉江出口附近降水量 1200mm。汉江流域连续最大 4 个月降水占年降水的 55%～65%,总的趋势由南向北、由西向东递减。白河上游为 60%～65%,白河下游为 50%～60%。汛期出现时间,白河上游为 5—10 月,白河下游为 4—9 月。汛期降水约占全年降水量的 75%～80%,年降水量的变差系数 C_V 在 0.20～0.25 之间。

流域内河川径流的水源补给,主要来自大气降水,因此地表水资源的分布规律与降水分布基本一致。各地多年平均径流深的数据如下:秦岭山区一般 300～500mm,大巴山区 600～1000mm,桐柏山、大洪山和荆山一带 350mm 左右,汉江谷地多在 300～400mm。汉江径流年际变化很大,根据沿江主要测站现有实测资料统计,其最大、最小径流量相差大都在 3 倍以上,年径流量变差系数 C_V 不低于 0.4,为长江各大支流之冠。在降水变率较大以及区内植被破坏较严重的环境条件下,河川洪枯流量年内、年际变化显著是必然的,这是一些地区旱涝灾害频繁发生的较直接原因。

汉江流域多年平均降水量 897.2mm,由上游向下游增大,暴雨集中发生在 7—9 月,尤以 7 月、9 月居多。汉江洪水由暴雨形成,集中在夏、秋两季。夏季主要雨区在白河以下至中游地区,如 1935 年型暴雨洪水;秋季主要雨区在白河以上及全流域,如 1964 年型暴雨洪水。

2.2.3 暴雨特征

汉江流域属东亚辐热带季风气候区,冬季受欧亚大陆冷高压影响,夏季受西太平洋副热高压的影响,流域气候具有明显的季节性,冬有严寒夏有酷热。

汉江流域暴雨最多地方仍是米仓山、大巴山一带,其次是伏牛山西南坡,堵河上游及汉江下游一带,就季节而言多发生在 7 月、8 月、9 月三个月内,个别年份暴雨推迟至 10 月上旬,如"83.10"暴雨,个别年份(如历史上的 1583 年)6 月中旬也曾发生特大暴雨。日降水量 100mm 以上的大暴雨多发生于 7 月份,9 月次之,8 月又次之,具有夏、秋暴雨的显著特点。夏秋季暴雨分布呈现明显的区域特征夏季暴雨主要发生在白河以下,而秋季暴雨则多发生于白河以上。

流域内最大 24h 降水量为 488.4mm,发生在方城站 1975 年 8 月 6 日。

产生汉江流域暴雨的天气系统及典型暴雨有:

(1)横向切变型。1956 年 6 月上旬暴雨、中心暴雨达 250.6mm,黄家港洪峰流量为 12200m³/s。

(2)西风槽型。1956 年 8 月上旬暴雨,中心在汉江中下游地区。

(3)涡切变型。此类型天气可在夏季和秋季出现,是形成本流域暴雨的重要天气形势之一。1960 年 8 月下旬暴雨，过程雨量达 480.3mm。

（4）人字形涡切变型。1958 年 7 月上旬暴雨中心在牛头店，日雨量达 146mm。

（5）登陆台风型。1958 年 7 月中旬暴雨，在丹江河口段左右岸出现两个暴雨中心。著名的"75.8"暴雨也属于此类天气系统造成，在唐白河上中游地区出现大暴雨，方城 24h 暴雨量 488.4mm，为流域历年 24h 降雨之冠。

（6）东风波型。这种天气系统造成大暴雨的次数很少，在 7—8 月出现。流域内一次大范围降水由几场暴雨造成，历时长、总雨量大，是由相应的几次不同的天气系统所致。例如 1935 年暴雨就是由人字形涡切变形和西风槽所致。

2.3 汉江流域洪水特征

2.3.1 汉江上游洪水一般特性

汉江上游洪水主要由暴雨形成，由于流域内山高坡陡，洪水汇流速度快，洪水具有猛涨猛落，峰型尖瘦的特点。汉江为中国古代"四渎"之一，流域内有悠久洪水记载。汉江上游、中游、下游均可发生洪灾，但以中下游最为频繁和严重。中下游河道上宽下窄，泄洪能力逐渐减小，当长江干流水位较高时，汉江下游过流能力只有 5250m³/s 左右。所以当上中游发生洪水时，中下游极易酿成灾害。历史洪水记载中特大洪水年份从公元前 180 年起，到 1935 年共 27 个年份，平均约 100 年就有可能发生一次特大洪水，27 个年份可以确定其洪痕高程的有 1583 年、1724 年、1832 年、1852 年、1867 年、1921 年及 1935 年等 7 个年份。表 2.9 为汉江流域历史特大暴雨洪水概况表。

表 2.9　　　　　　　　汉江流域历史特大暴雨洪水概况表

时　间			洪水类型	主要暴雨产流区	雨　型	洪峰流量/(m³/s)		雨势与洪涝灾情摘要
年	月	日				安康	丹江口	
1583 明万历十一年	6	12	夏季	全流域性大暴雨	东—西向汉江上游南岸大	40000	61000	安康：四月猛雨数日，城毁溺死五千余人；谷城：大水淹没万雨家
1724 清雍正二年	7	初	夏季	安康—襄阳（南河大水）属于上中游洪水	大范围降雨	—	—	旬阳：水淹西关骆驼峰，均县汉水溢，上栋下宇，付诸东流，无有存者；襄阳：汉水大溢，刘表墓为此冲刷
1935 	7	6	夏季	白河—襄阳属中上游洪水	南—北向汉江中上游大	10600	50000	七月上旬五天大暴雨，郧县汉水溢，东城垣被急流冲刷，溃决六十丈

时间			洪水类型	主要暴雨产流区	雨型	洪峰流量/(m³/s)		雨势与洪涝灾情摘要
年	月	日				安康	丹江口	
1693 清康熙三十二年	6	20	夏季	石泉—安康任河大水	东—西向汉江上游南岸大	33000～40000	42500～45000	安康：五月十七日汉水暴涨，漂没官舍民房殆尽，城不没者三版
1867 清同治六年	9	15	秋季	均县以上，汉江南岸堵河为百年来最大一次	东—西向汉江上游南岸大	34000	45500	襄城：冲毁栈道；洋县：八月暴雨数十日。竹山：百年来最大的洪水
1852 清咸丰二年	8	31	夏季	均县以上，汉江南岸，属上游洪水	东—西向汉江上游南岸大	36500	45000	安康：七月十五日汉水猛涨。水高数丈，溺死三千余人。光化：七月十五日汉水溢
1832 清道光十二年	9	12	秋季	石泉—郧县及吧白河宜城间，属中上游洪水	东—西向汉江上游南岸大	30500	44700	郧县：七月大雨七昼夜，八月汉、堵水溢，漂没人畜无数；郧西：八月大淫雨，汉溢
1921	7	12	夏季	石泉—郧县间属上游洪水	东—西向汉江上游南岸大	29000	38000	安康等地大水入城，有菩萨洗脚的传说；襄阳：老龙堤破口，平地水深三尺
1949	9	13	秋季	白河以上属上游洪水		22000	24200	
1983	8	1	秋季	全流域性大暴雨	大范围降雨	31000	33500	安康测站冲毁
1983	10	6	秋季	全流域性大暴雨	大范围降雨	19100	34300	安康城破
2005	10	3	秋季	暴雨主要集中在安康以上	汉江上游北岸大	21000	30700	杜家台分流 1500
2010	7	25	夏季	石泉以上、丹江流域暴雨	全流域性大雨	10200	34100	

2.3.2 丹江口以上洪水特性

汉江是一条大洪水河流。丹江口坝址以上流域内地形复杂，夏秋两季暴雨集中，河槽调蓄洪水能力小；支流坡降大、流程短、汇流快，致使该河段洪水特别频繁。

丹江口坝址以上流域洪水主要由暴雨形成，暴雨量大、强度集中，河槽缺乏良好的调蓄作用，因此洪水涨消极快，陡涨陡落，水量的变化极不稳定。

从历史资料分析来看，汉江上游最大洪水在 3—10 月之间均有出现，但以 7 月、9 月两月多暴雨，是全年水量最丰富的月份，产生大洪水的机遇最多。

一般年份从 4 月下旬至 5 月末是桃汛，7 月至 10 月上旬为大汛，其中 8 月流量较小。

介于桃汛和大汛之间的 6 月，一般雨量偏小，常常出现夏旱，全年最低水位和最小流量往往出现在 6 月，但是，历史上发生的大洪水也有多次在 6 月，如历史罕见的、被列为非常洪水量级的 1583 年特大洪水就发生在 6 月 12 日。

从多年平均洪水地区组成分析，夏、秋季丹江口水库以上洪水总量占碾盘山站的比重分别为 72%～83%，均大于其面积比（68%），但不容忽视的是夏季洪水中有一些特殊的大水年份，丹—碾（皇）洪水比重超出上述平均情况甚远（指短期洪量），如 1935 年为 35%，1975 年高达 64%，这些都是拟定防洪规划时需要考虑的问题。

汉江在地形和河道双重条件下，洪峰流量的形成及河槽泄流能力具有显著特点：丹江口以上基本属山区、河道陡峻深切，往往是暴雨行径之区，暴雨走向与河流流向基本一致，且南北支流短小汇流快，致洪峰流量沿程叠加而形成洪峰流量极大的洪水过程。历史上曾多次出现大于 45000m³/s 以上的洪峰。如 1935 年洪峰流量达 50000m³/s，1583 年经考证达到 60000m³/s，洪峰流量之大在长江所有支流中是最突出的，这是汉江洪水基本特征之一。

由于历史条件的演变，汉江干流自襄阳以下，已逐为堤防所约束，堤防的修建无规划可言，堤距越往下游则越窄，到仙桃以下河宽仅有 300m 左右。因此，汉江干流河道泄洪能力越往下游则越小，与洪峰流量沿程叠加形成了尖锐的矛盾，这是汉江不同于其他河流的显著特点之一。

据记载每次特大洪水出现都给汉江特别是其中下游带来巨大的灾害，其中近代 1935 年洪水记载详尽，经推算丹江口及碾盘山两处的洪峰流量高达 50000m³/s 及 57900m³/s，使汉江中下游遭受灭顶之灾，干堤决口 14 处，淹没耕地 640 万亩、受灾人口 370 万人，淹死 8.4 万人，是长江中游地区一次极为严重的洪水灾害。

总的来说，流域内暴雨季节比较明显，因此洪水的发生也有明显的季节性，并呈现马鞍形的过程。夏季洪水主要发生在 7 月，多由强度大、历时短、雨区范围比较小的局部的暴雨形成，洪水峰型较尖瘦；秋季洪水则集中在 9 月，一般由稳定持久、雨区范围大的暴雨形成，洪水历时长、洪量大。表 2.10 为丹江口水库以上流域近代几场暴雨坝址洪量统计表。

表 2.10　　　　　丹江口水库以上流域近代几场暴雨坝址洪量统计表

暴雨发生时间	暴 雨 特 征	洪峰/(m³/s)		7 日洪量/亿 m³		15 日洪量/亿 m³	
		峰值	日期	量值	日期	量值	日期
1935 年 7 月 3—7 日	呈南—北向，中心在五峰和兴山，荆紫关与竹山为次大中心	50000	7 月 7 日	128.8	7 月 6—12 日	161.2	7 月 6—20 日
1960 年 9 月 2—7 日	呈东—西向，中心在七里扁，南岸大于北岸	26500	9 月 7 日	98	9 月 4—10 日	115	9 月 4—18 日
1938 年 9 月		26800*	9 月 18 日	93	9 月 17—23 日	145.2	9 月 17 日—10 月 2 日

续表

暴雨发生时间	暴 雨 特 征	洪峰/(m³/s)		7日洪量/亿 m³		15 日洪量/亿 m³	
		峰值	日期	量值	日期	量值	日期
1964 年 10 月 1—5 日	呈东—西向，汉江南岸大于北岸	31300	10 月 5 日	88.2	10 月 3—9 日	155	9 月 23 日—10 月 7 日
1958 年 7 月 15—18 日	呈南—北向	23600	7 月 19 日	78.7	7 月 17—23 日	133.5	7 月 5—19 日
1954 年 8 月 2—5 日	呈东北—西南向，中心在大巴山、渠江	24600	8 月 4 日	77.9	8 月 4—10 日	113	8 月 4—18 日
1975 年 9 月 26 日—10 月 3 日	呈东北—西南向，中心在镇巴一带	23600	10 月 3 日	96.5	9 月 29 日—10 月 5 日	129.4	9 月 24 日—10 月 8 日
1937 年 9 月 20—24 日		21200	9 月 27 日	70	9 月 24—30 日	98.5	9 月 23 日—10 月 7 日
1983 年 7 月 27 日—8 月 14 日	持续 20 天，4 次过程	33500	8 月 1 日	73	7 月 30 日—8 月 6 日	111.3	7 月 30 日—8 月 14 日
1983 年 10 月 3—7 日	流域性大暴雨	34300	10 月 6 日	95.4	10 月 4—11 日		
2005 年 9 月 24 日—10 月 7 日	暴雨主要集中在安康以上	30700	10 月 3 日	77.7	10 月 2—9 日	104	9 月 26 日—10 月 11 日
2010 年 7 月 21—26 日	丹江流域大，其他较均匀	34100	7 月 25 日	58.9	7 月 22—29 日	116.8	7 月 16—30 日

* 1938 年 8 月洪峰值为襄阳站测值。

参考文献

［1］ 长江水利委员会.中国河湖大典：长江卷［M］.北京：中国水利水电出版社，2010.

［2］ 长江水利委员会，丹江口水利枢纽管理局.汉江丹江口水利枢纽水库调度工作手册［Z］，2012.

［3］ 饶光辉.防洪规划及民垸分蓄洪模拟研究［D］.南京：河海大学，2006.

［4］ 段唯鑫，孙元元，李春龙，等."11.09"汉江洪水分析及预报调度［C］//中国水文科技新发展——2012 中国水文学术讨论会论文集，2012.

［5］ 张志达.汉江杜家台分洪工程运用方案［J］.人民长江，1957（10）：17-20.

［6］ 管光明，陈士金，饶光辉.汉江流域规划［J］.湖北水力发电，2006（3）：9-12.

［7］ 刘德波.鸭河口水库兴利水位设计与运用分析［J］.人民长江，2012（S1）：11-15.

第 3 章

基于条件风险价值理论的水库群
防洪库容联合设计

3.1 引言

随着流域复杂水库群系统的建立，开展水库群防洪库容联合设计研究是实现库群系统整体效益大于各单库简单叠加的关键技术手段，是实现水库群联合调度的基本前提和防洪安全边界。目前水库群防洪库容联合设计的研究目的在于不降低整个流域水库群系统防洪标准的前提下，考虑各水库之间水文、水力联系，推求库群系统最小总防洪库容、各水库防洪库容最优组合方案或各水库防洪库容可行性组合区间；所采用的主要研究方法可分为风险分析方法、库容补偿方法和大系统聚合分解三大类。水库群防洪标准的衡量通常是选用某种设计频率对应的流域设计洪水过程进行调洪演算判别水库水位或泄量是否超过允许的阈值，或者以库群系统开展联合设计推求出的预留总防洪库容值是否小于现状设计条件下的总防洪库容值作为判别标准。

条件风险价值是经济学范畴中的经典风险工具，但它不仅广泛应用于金融领域的投资决策和投资组合管理问题，已有不少学者将其应用于水资源管理问题。Webby 等（2006）以堪培拉的伯利格里芬湖（Lake Burley Griffin）为研究对象，在降雨预报信息给定的情形下采用条件风险价值权衡环境流量和洪水风险多目标问题。Yamout 等（2007）将条件风险价值应用于供水分配问题，并与传统的期望值方案进行对比，可发现期望值方案低估了成本。Piantadosi 等（2008）在随机动态规划中耦合条件风险价值指标，可用于指导城市雨水管理的策略制定。Shao 等（2011）提出了一种基于条件风险价值的两阶段随机规划模型，将其应用于由 1 个水库和 3 个用水竞争者构成的复杂系统中的水资源分配问题。Soltani 等（2016）构建了基于条件风险价值的目标函数，用于求解河流系统中规划农业用水需求和回流的水资源分配问题。但目前已有研究还未将条件风险价值概念引入水库防洪调度范畴中。

本章节针对水库群防洪库容联合设计开展如下研究：①将经济学中的"条件风险价值"指标引入水库防洪风险评价范畴，以单库系统为基础，构建各年水库防洪损失条件风险价值指标，并推导 n 年水库防洪损失条件风险价值的计算公式；②以变化环境下的适应性防洪调度范畴中的非一致性径流条件下汛限水位（防洪库容）优化设计为例，对所提出的基于条件风险价值的防洪损失评价方法的适用性进行验证；③将所提出的防洪损失条件风险价值指标根据定义由单库系统拓展到复杂的库群系统，以汉江流域水库群系统开展实例研究，将水库群系统现状设计防洪库容组合方案所对应的防洪损失条件风险价值指标作为约束上限值，探讨水库群防洪库容联合设计研究，推求库群系统防洪库容组合的可行区间，并剖析各水库防洪库容值对库群系统总防洪库容设计的影响。本章节的水库群防洪库容联合设计技术路线图如图 3.1 所示。

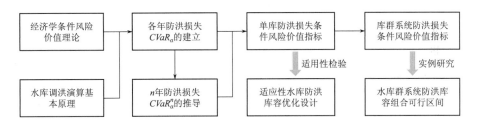

图 3.1　水库群防洪库容联合设计技术路线图

3.2　单库系统防洪损失条件风险价值评价指标的计算方法

3.2.1　洪水风险率计算

洪水风险率是用于衡量防洪标准最常用的传统方法。但随着气候变化和人类活动影响，水文径流系列的非一致性假设存在探讨空间。需要说明的是，"非一致性"并非本章节研究的侧重点，但在防洪损失评价指标构建过程中针对"一致性"和"非一致性"径流情景的公式推导做了区分，即基于条件风险价值的防洪损失指标既适用于一致性径流情景，也适用于非一致性径流情景。

假设 Q_p 为径流系列的设计洪峰值，而实际径流洪峰值 Q_i 是一个随机变量，p_i 为发生 Q_i 超过 Q_p 事件的概率。在一致性条件下，无论第 i 年，发生 Q_i 超过 Q_p 事件的超过概率 p_i 是常数值 p。假设水利工程生命周期是 n 年，该工程面临来水超过设计洪水的事件发生在工程生命周期 n 年之内，则该工程的洪水风险率 R 为

$$R = P(I \leqslant n) = p \sum_{i=1}^{n} (1-p)^{i-1} = 1 - (1-p)^n \tag{3.1}$$

　　然而在非一致性径流条件下，超过概率 p_i 会随时间变化。因此，该工程的洪水风险率 R 为

$$R = P(I \leqslant n) = p_1 + p_2(1-p_1) + \cdots + p_n(1-p_1)(1-p_2)\cdots(1-p_{n-1})$$
$$= \sum_{i=1}^{n} p_i \prod_{t=1}^{i-1}(1-p_t) \tag{3.2}$$

3.2.2　各年防洪损失条件风险价值指标的建立

　　1. 风险价值和条件风险价值的基本定义

　　风险价值（value - at - risk，VaR_α）和条件风险价值（conditional value - at - risk，$CVaR_\alpha$）均是财务风险测量工具，亦可应用于水资源相关领域并提供损失值的评价方法。VaR_α 的定义为某一段时间内，在给定的置信水平 α 条件下的最大损失，VaR_α 可以通过一个随机变量的累计分布函数推导得来，它的表达式为

$$VaR_\alpha = \min[L(x,\theta) \mid \varphi(x,\theta) \geqslant \alpha] \tag{3.3}$$

式中　x——决策变量；

　　　　θ——随机变量；

　　$L(\cdot)$——损失函数；

　　$\varphi(\cdot)$——累计分布函数；

　　　　α——置信水平，取 $\alpha = 0 \sim 1$。

　　但 VaR_α 并未考虑超过阈值（即置信水平 α 条件下的最大损失）时会发生的损失，且无法区分尾部风险的大小；条件风险价值则是 VaR_α 的一种改进形式。$CVaR_\alpha$ 的含义是在一定置信水平上，损失超过 VaR_α 的潜在价值，即评估超额损失的平均水平为

$$CVaR_\alpha = E[L(x,\theta) \mid L(x,\theta) \geqslant VaR_\alpha]$$
$$\text{或}\quad CVaR_\alpha = E[L(x,\theta) \mid \varphi(x,\theta) \geqslant \alpha] \tag{3.4}$$

式中　$E(\cdot)$——期望水平。

　　为了进一步诠释 VaR_α 和 $CVaR_\alpha$ 的物理含义，本节给出一个计算案例进行对比说明。Mays 和 Tung 等（1992）所提出的期望防洪损失（expected flood damage，EFD）是在国际洪水风险分析领域的标准评价指标，本节则以 EFD 的计算结果作为对比方案。如图 3.2 所示，虚线为假定的概率分布曲线（pdf），实线为相应的累计概率分布曲线（cdf）（需要说明的是，此处给定曲线的损失值无实际量纲意义），根据给定的 pdf 和 cdf 曲线信息按照相应的定义计算期望防洪损失值 EV、风险价值 VaR_α 和条件风险价值 $CVaR_\alpha$，并已将结果标记在图中。若给定置信水平 $\alpha = 0.95$，$VaR_{0.95}$ 表征的含义是防洪损失超过 7.4 的概率是 5%，关注的是相应于某个置信水平的防洪损失阈值；而 $CVaR_{0.95}$ 表征的含义是评估超过 $VaR_{0.95}$ 值的曲线尾部部分的期望，更侧重关

注发生超过某个防洪损失阈值以外的所有可能的潜在风险损失，且计算结果为 $CVaR_{0.95}=8.1$。而期望防洪损失方法 EFD 所计算的 $EV=\int L(x,\theta)f[L(x,\theta)]\mathrm{d}L=5.1$，小于风险价值 VaR_α 和条件风险价值 $CVaR_\alpha$ 对防洪损失的评估值，且缺乏对不同置信水平值的响应。

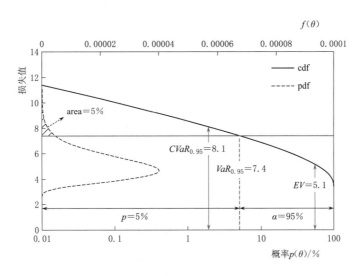

图 3.2　期望防洪损失 EV、VaR_α 和 $CVaR_\alpha$ 的结果对比

2. 损失函数的构建

损失函数是条件风险价值指标建立的核心，本章节通过考虑水库下游防洪控制点需多余承担的洪量来构建水库防洪损失函数 $L(x,\theta)$，从而将经济学中的条件风险价值理念引入水库防洪评价领域。选取水库防洪库容值（或汛限水位）为决策变量 x，入库洪水量级为随机变量 θ，损失函数可表达为

$$L(x,\theta)=cw_{\mathrm{f}}(x,\theta) \tag{3.5}$$

式中　$w_{\mathrm{f}}(\cdot)$——下游防洪控制点需分担的多余洪量，亿 m^3；

　　　　c——下游防洪控制点承受多余洪量 $w_{\mathrm{f}}(\cdot)$ 所需的单位成本，元/m^3。

需要说明的是，本章节中的 $w_{\mathrm{f}}(\cdot)$ 是通过简化考虑下游防洪控制点所需分担的洪量计算得来，即假定超过下游防洪控制点允许安全泄量 Q_Y（Q_Y 是采用下游防洪控制点反推至水库出库控制断面的流量值）标准的部分洪量值为所推求的 $w_{\mathrm{f}}(\cdot)$，如图 3.3 所示。当构建多个水库汛限水位值方案和多种设计频率下的洪水过程方案，即可建立损失函数值 $L(x,\theta)$ 与决策变量 x 和随机变量 θ 之间的联系。

3. 各年防洪损失值 $CVaR_\alpha$

根据条件风险价值的基本定义，以及损失函数构建的思路，则可计算相应于置信水平 α 下的条件风险价值 $CVaR_\alpha$，故水库每年的防洪损失值的计算式为

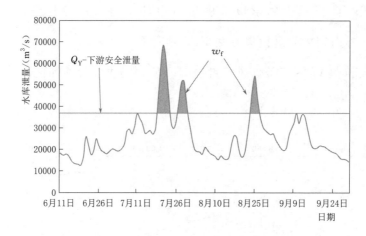

图 3.3　下游需分担的多余洪量示意图

$$CVaR_\alpha = E[L(x,\theta)|L(x,\theta) \geqslant VaR_\alpha]$$

$$= \frac{\int_{F_\alpha}^{\max} L(x,\theta) f[L(x,\theta)] \mathrm{d}L}{1-\alpha} \tag{3.6}$$

式中　x——决策变量防洪库容值（或汛限水位值）；

　　　θ——随机变量入库洪水量级；

　$E(\cdot)$——期望；

　　　F_α——相应于置信水平 α 的 VaR_α 值；

　　max——损失函数的最大值；

　$f(\cdot)$——防洪损失的概率密度函数。

　　假设防洪损失发生在第 i 年的洪水风险为 R，则置信水平 α 和洪水风险 R 满足关系式 $\alpha+R=1$。当损失函数 $L(x,\theta)$ 的形式确定，并且给定置信水平 α 时，防洪损失的条件风险价值 $CVaR_\alpha$ 为确定值。

3.2.3　n 年的防洪损失条件风险价值推导

　　若将 n 年的工程生命周期视为整体，当 n 年的损失函数形式确定，并且给定置信水平 α 时，n 年的防洪损失条件风险价值 $CVaR_\alpha^n$ 为确定值。n 年内防洪损失发生的概率为 R，则不发生的概率为 $(1-R)$，n 年防洪损失的期望值为表达式（3.7）。

$$R \cdot CVaR_\alpha^n + (1-R) \cdot 0 = R \cdot CVaR_\alpha^n \tag{3.7}$$

式中　R——防洪损失事件在 n 年内至少发生一次的概率。

　　一致性条件下的累计洪水风险率计算式为 $R=1-(1-p)^n$ [式（3.1）]，非一致性条件下的累计洪水风险计算式为 $R=p_1+p_2(1-p_1)+\cdots+p_n(1-p_1)\cdots(1-p_{n-1})$ [式（3.2）]。

　　每年防洪损失是否发生是独立性事件（但不限定各年的防洪损失事件的发生是否服从相同的分布），n 年的防洪损失的期望值也可以通过枚举 n 年内防洪损失事件可能发生的组合形式得到，推导的关系为

$$\begin{aligned} R \cdot CVaR_\alpha^n = & CVaR_{\alpha 1} p_1 (1-p_2) \cdots (1-p_n) + CVaR_{\alpha 2} p_2 (1-p_1)(1-p_3) \cdots (1-p_n) \\ & + \cdots + CVaR_{\alpha n} p_n (1-p_1) \cdots (1-p_{n-1}) + (CVaR_{\alpha 1} + CVaR_{\alpha 2}) p_1 p_2 (1-p_3) \cdots (1-p_n) \\ & + \cdots + (CVaR_{\alpha 1} + CVaR_{\alpha n}) p_1 p_n (1-p_2) \cdots (1-p_{n-1}) + \cdots \\ & + (CVaR_{\alpha 1} + CVaR_{\alpha 2} \cdots + CVaR_{\alpha n}) p_1 p_2 \cdots p_n + 0 \times (1-p_1)(1-p_2) \cdots (1-p_n) \end{aligned}$$

$$(3.8)$$

式中　$CVaR_{\alpha i}$——第 i 年防洪损失事件的条件风险价值，可根据式（3.6）计算得来，且置信水平 $\alpha i = 1 - p_i$。

　　以 $CVaR_{\alpha 1}$ 为例简化表达式（3.8），$CVaR_{\alpha 1}$ 的系数为

$$\begin{aligned} B1 = & p_1 (1-p_2) \cdots (1-p_n) + p_1 p_2 (1-p_3) \cdots (1-p_n) + \cdots + p_1 p_n (1-p_2) \cdots (1-p_{n-1}) \\ & + p_1 p_2 p_3 (1-p_4) \cdots (1-p_n) + \cdots + p_1 p_2 p_n (1-p_3) \cdots (1-p_{n-1}) + \cdots + p_1 p_2 \cdots p_n \end{aligned}$$

$$(3.9)$$

　　$B1$ 中包含 $p_1 p_2 \cdots p_n$ 项的所有组合形式列举在表 3.1 中，$p_1 p_2 \cdots p_n$ 项的系数可以提炼为

$$B1_n = C_{n-1}^{n-1} (-1)^{n-1} + C_{n-1}^{n-2} (-1)^{n-2} + C_{n-1}^{n-3} (-1)^{n-3} + \cdots + C_{n-1}^1 (-1)^1 + C_{n-1}^0 (-1)^0$$

$$(3.10)$$

表 3.1　　　　　　　　　　系数 $B1$ 中包含 $p_1 p_2 \cdots p_n$ 项的所有组合形式

$p_1 p_2 \cdots p_n$	组合数	$p_1 p_2 \cdots p_n$ 项系数
$p_1 (1-p_2) \cdots (1-p_n)$	C_{n-1}^{n-1}	$(-1)^{n-1}$
$p_1 p_k (1-p_2) \cdots (1-p_i) \cdots (1-p_n)(2 \leqslant i \leqslant n, k \neq i)$	C_{n-1}^{n-2}	$(-1)^{n-2}$
$p_1 p_j p_k (1-p_2) \cdots (1-p_i) \cdots (1-p_n)(2 \leqslant i \leqslant n, j < k, j \neq i, k \neq i)$	C_{n-1}^{n-3}	$(-1)^{n-3}$
$\cdots$	$\cdots$	$\cdots$
$p_1 p_2 \cdots p_k \cdots p_n (1-p_i)(1-p_j)(2 \leqslant i < j \leqslant n, k \neq i, k \neq j)$	C_{n-1}^2	$(-1)^2$
$p_1 p_2 \cdots p_k \cdots p_n (1-p_i)(2 \leqslant i \leqslant n, k \neq i)$	C_{n-1}^1	$(-1)^1$
$p_1 p_2 \cdots p_n$	C_{n-1}^0	$(-1)^0$

　　当 n 是偶数时，$p_1 p_2 \cdots p_n$ 项的系数可简化为

$$\begin{aligned} B1_n = & C_{n-1}^0 [(-1)^{n-1} + (-1)^0] + C_{n-1}^1 [(-1)^{n-2} + (-1)^1] \\ & + \cdots + C_{n-1}^{\frac{n}{2}} [(-1)^{\frac{n}{2}-1} + (-1)^{\frac{n}{2}}] \\ = & 0 \end{aligned}$$

$$(3.11)$$

　　当 n 是奇数时，$p_1 p_2 \cdots p_n$ 项的系数可简化为

$$B1_n = C_{n-1}^0(-1)^0 + C_{n-1}^2(-1)^2 + \cdots + C_{n-1}^{n-1}(-1)^{n-1}$$

$$+ C_{n-1}^1(-1)^1 + C_{n-1}^3(-1)^3 + \cdots + C_{n-1}^{n-2}(-1)^{n-2}$$

$$= C_{n-1}^0 + C_{n-1}^2 + \cdots + C_{n-1}^{n-1} - (C_{n-1}^1 + C_{n-1}^3 + \cdots + C_{n-1}^{n-2}) = 0 \quad (3.12)$$

综上所述，无论 n 取值的奇偶性，$p_1 p_2 \cdots p_n$ 项的系数均为 0。

故 $CVaR_{a1}$ 的系数 $B1$ 可变形为

$$B1 = p_1 - \sum_{i=2}^n p_1 p_i + \sum_{2 \leqslant i < j \leqslant n} p_1 p_i p_j + \cdots + (-1)^{n-1} p_1 p_2 \cdots p_n$$

$$+ p_1 p_2 - \sum_{i=3}^n p_1 p_2 p_i + \sum_{3 \leqslant i < j \leqslant n} p_1 p_2 p_i p_j + \cdots + (-1)^{n-2} p_1 p_2 \cdots p_n + \cdots$$

$$+ p_1 p_n - \sum_{i=2}^{n-1} p_1 p_n p_i + \sum_{2 \leqslant i < j \leqslant n-1} p_1 p_n p_i p_j + \cdots + (-1)^{n-2} p_1 p_2 \cdots p_n$$

$$+ p_1 p_2 p_3 - \sum_{i=4}^n p_1 p_2 p_3 p_i + \sum_{4 \leqslant i < j \leqslant n} p_1 p_2 p_3 p_i p_j + \cdots + (-1)^{n-3} p_1 p_2 \cdots p_n + \cdots$$

$$+ p_1 p_2 p_n - \sum_{i=3}^{n-1} p_1 p_2 p_n p_i + \sum_{3 \leqslant i < j \leqslant n-1} p_1 p_2 p_n p_i p_j + \cdots + (-1)^{n-3} p_1 p_2 \cdots p_n + \cdots$$

$$+ p_1 p_2 \cdots p_n$$

$$= p_1 \quad (3.13)$$

因此，$CVaR_{a1}$ 的系数 B1 可简化为 $B1 = p_1$，同理可简化 $CVaR_{ai}$（$i = 1, 2, \cdots, n$）的系数为 p_i，则关系式（3.8）可简化为

$$CVaR_\alpha^n = \frac{p_1 \cdot CVaR_{a1} + p_2 \cdot CVaR_{a2} + \cdots p_n \cdot CVaR_{an}}{R} \quad (3.14)$$

其中 $\alpha = 1 - R$。

且在一致性假设前提下风险率 R 的值如式（3.1）计算所得，而在非一致性假设前提下风险率 R 的值如式（3.2）计算所得。

针对表达式（3.14）的含义可作如下理解：每年是否发生防洪损失是独立性事件，而第 i 年的防洪损失的期望为 $p_i CVaR_{ai}$（服从伯努利分布，其期望计算式为 $p_i \cdot CVaR_{ai} + (1 - p_i) \cdot 0$，发生防洪损失的概率为 p_i，损失值为 $CVaR_{ai}$，不发生防洪损失的概率为 $(1 - p_i)$，损失值为 0）。因此，关系式（3.14）的等号右边分子部分的含义可以理解为各年防洪损失期望的累计值。

在一致性径流条件下，各年的来水过程超过同一量级的设计洪水的概率均相同，即 $p_1 = p_2 = \cdots = p_n = p$，而且各年条件风险价值的置信水平 α_i 和设计频率 p_i 的关系满足 $\alpha_i + p_i = 1$，因此，水库各年的防洪损失函数的分布形式相同，即各年的防洪损失条件风险价值相同，$CVaR_{a1} = CVaR_{a2} = \cdots = CVaR_{an} = \beta_\alpha$，因此，关系式（3.14）可以简化为式（3.15）。

$$CVaR_\alpha^n = \frac{np}{1 - (1-p)^n} \beta_\alpha \quad (3.15)$$

其中 $\alpha = (1-p)^n$

当工程生命周期 n 年等于重现期 T，$CVaR_\alpha^n$ 可变换为关系式（3.16）。

$$CVaR_\alpha^n = \frac{1}{1-\left(1-\dfrac{1}{T}\right)^T}\beta_{\alpha*} \tag{3.16}$$

其中　　$\alpha^* = 1-p$

$$\alpha = \left(1-\frac{1}{T}\right)^T$$

3.3　实例一——单库系统防洪损失条件风险价值评价指标的适用性验证

根据基于条件风险价值的防洪损失评价指标的构建过程可知，该评价指标既可适用于一致性径流条件，又可适用于非一致性径流条件，各年的防洪损失 $CVaR_\alpha$ 和 n 年防洪损失 $CVaR_\alpha^n$ 的计算式均具备通用性。本节以变化环境下的适应性防洪调度范畴中的非一致性径流条件下汛限水位优化设计为例，对所提出的防洪损失条件风险价值评价指标的适用性进行验证。具体来说，若将条件风险价值 $CVaR_\alpha$ 应用于水库特征水位的设计应有以下 3 个步骤：①构建损失函数；②选择合适的置信水平 α 和可接受的条件风险价值；③试算法验证多组水位特征值的设置是否合理。

3.3.1　研究方法

为了验证本章提出的防洪损失条件风险价值评价指标的适用性，本小节建立了 3 个对比方案：方案 A 为一致性径流条件下的基本方案，n 年的防洪损失条件风险价值直接根据常规防洪调度规则的调洪演算推求得来；方案 B1 为非一致性径流条件下，以传统洪水风险率为约束条件的适应性水库汛限水位优化方案；方案 B2 为非一致性径流条件下，以 n 年的防洪损失值 $CVaR_\alpha^n$ 和传统洪水风险率为约束条件的适应性水库汛限水位优化方案。

方案 A 即为水库现状条件下的汛限水位方案，其多年平均汛期发电量以及防洪损失条件风险价值（记为 β_α^n）作为方案 B1 和方案 B2 的对比值；方案 B1 和方案 B2 确立适应性水库汛限水位优化模型的目标函数为水库汛期多年平均发电量最大，即

$$\max \quad \overline{E}(x_1, x_2, \cdots, x_n) = \frac{1}{n}\sum_{j=1}^{n} E(x_j) \tag{3.17}$$

其中

$$E(x_j) = \sum_{i=1}^{m} \frac{N_i(x_j)}{m}$$

式中　x_j——第 j 年的汛限水位值（$j=1,2,\cdots,n$），即为适应性水库汛限水位优化模型的决策变量；

$E(x_j)$——第 j 年水库汛限水位为 x_j 时汛期发电量；

m——水库实测径流资料的长度；

N_i——第 i 年的汛期发电量（$i=1,2,\cdots,m$）。

适应性水库汛限水位优化模型的约束条件为式（3.18）～式（3.22）所示。方案 B1 采用传统的累积洪水风险率作为防洪约束，即约束条件为式（3.18），式（3.20）～式（3.22）；方案 B2 采用 n 年时段内的防洪损失条件风险价值 $CVaR_\alpha^n$ 和累计洪水风险率作为防洪约束，即约束条件为式（3.18）～式（3.22）。

（1）累计洪水风险率。

$$R_j^{ns}(x_1,x_2,\cdots,x_j) \leqslant R_j^s(x_1^*,x_2^*,\cdots,x_j^*) \tag{3.18}$$

式中 $R_j^s(\cdot)$——一致性径流条件下第 j 年的累计洪水风险率，每年汛限水位值均选取水库现状汛限水位设计值 $x_1^*=x_2^*=\cdots=x_j^*=x_0$；

$R_j^{ns}(\cdot)$——非一致性径流条件下第 j 年的累计洪水风险率。

（2）条件风险价值。

$$CVaR_\alpha^n(x_1,x_2,\cdots,x_n) \leqslant \beta_\alpha^n(x_1^*,x_2^*,\cdots,x_n^*) \tag{3.19}$$

式中 $\beta_\alpha^n(\cdot)$——相应于 n 年时段内一致性径流条件下的防洪损失条件风险价值，每年汛限水位值均选取水库现状汛限水位设计值 $x_1^*=x_2^*=\cdots=x_n^*=x_0$；

$CVaR_\alpha^n(\cdot)$——相应于 n 年时段内非一致性径流条件下的防洪损失条件风险价值。

（3）水量平衡方程。

$$V_{t+1}=V_t+(I_t-Q_t)\Delta t \tag{3.20}$$

式中 Δt 为计算单位时长；

I_t，Q_t——水库在 Δt 时段的入库流量和出库流量值；

V_t——水库在 t 时刻的库容值。

（4）水库库容值约束。

$$V_{\min} \leqslant V_t \leqslant V_{\max} \tag{3.21}$$

式中 $V_{\min}$，$V_{\max}$——水库在汛期的最小和最大库容值。

（5）水库泄流能力约束。

$$Q_t \leqslant Q_{\max}(Z_t) \tag{3.22}$$

式中 $Q_{\max}(Z_t)$——水库对应于水位为 Z_t 时的最大下泄流量值。

3.3.2 数据资料

3.3.2.1 三峡水库

三峡水库多年平均流量为 $14300\text{m}^3/\text{s}$，选取为本小节研究对象。三峡水利枢纽是一个具有防洪、发电、航运等多项综合效益的大型水利水电工程。由于三峡水库的调度方式本身较为复杂，本次研究为了侧重于考虑径流变化对水库汛限水位等防洪特征参数的影响，故依据的简化防洪调度规则如下：

（1）若发生不超过 100 年一遇的洪水，水库出流按 $53900\text{m}^3/\text{s}$ 泄。

（2）若发生大于 100 年一遇但小于等于 1000 年一遇洪水时，起初仍按 $53900\text{m}^3/\text{s}$ 控泄；但当坝前水位超 1000 年一遇洪水位 175.00m 时，按规则（3）进行。

（3）在水库蓄洪超过 175.00m 时，按全部泄流能力泄洪，但应控制泄量不大于最大入库流量，以免人为增大洪灾。

下游蓄滞洪区是一项重要的防洪工程措施，它可以通过分担一部分的洪量进而与上游水库库容进行配合，从而达到下游防洪控制点的防洪目标。由于长江中下游洪水量级与河道的泄洪能力不匹配，因此下游设置荆江地区、城陵矶附近区、武汉附近区和湖口附件区四大片蓄滞洪区，总面积为 1.18 万 km^2，可耕地面积为 54.84 亿 m^2，人口数量为 612 万人，有效蓄洪能力为 633 亿 m^3。

3.3.2.2 非一致性条件下径流情景生成

目前，非一致性径流情景生成主要有 3 种方法：①情景假设（例如，直接假设径流的统计参数符合某种变化形式）；②基于历史径流情景统计；③大气环流模型（GCM）。本研究中径流情景方案仅作为输入条件，并非探讨侧重点，因此选用基于历史径流情景统计生产。针对三峡水库 1882—2010 年共计 129 年的日径流系列，每连续 30 年的径流资料组成一个长系列，并计算统计参数值（均值、C_V 和 C_S）。依次滑动平均计算各组统计参数值，最后进行线性拟合并延长统计参数与时间的关系。

由图 3.4 可知，非一致性径流条件下，洪峰流量的统计参数均值随时间的变化呈递减的趋势；但是 C_V 和 C_S 随时间的变化不明显，在显著性水平为 5% 的条件下，C_V

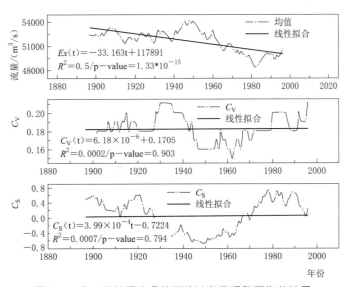

图 3.4　非一致性径流条件下统计参数滑动平均的结果

和 C_S 与时间的相关性系数分别为 0.0002 和 0.0007，则本研究可认为 C_V 和 C_S 与时间不相关。类似地，最大 3 日洪量、最大 7 日洪量、最大 15 日洪量和最大 30 日洪量的统计参数也有同样的结论；而统计参数均值随时间变化的线性关系式见表 3.2。表3.2 中均值与时间的变化关系式来源于对实测径流系列 1882—2010 年的统计拟合，表中均值与时间的变化关系式用于预测三峡水库 2020—2039 年期间的均值。虽然线性拟合关系是不准确的，但是可以为非一致性径流条件下适应性水库汛限水位优化问题提供一个非一致性条件下的径流假设情景，作为方案 B1 和方案 B2 中适应性水库汛限水位优化模型的输入，方案 B1 和方案 B2 的输入条件保持一致，从而可以有效对比防洪损失评价指标 $CVaR_\alpha$ 与传统洪水风险率的差异。

表 3.2   非一致性条件下统计参数均值与时间的关系

统计时段	统计参数
洪峰流量/(m³/s)	$E_X(t)=-33.163t+117891$；$C_V=0.21$，$C_S/C_V=4.0$
最大 3 日洪量/亿 m³	$E_X(t)=-0.080t+283.1$；$C_V=0.21$；$C_S/C_V=4.0$
最大 7 日洪量/亿 m³	$E_X(t)=-0.211t+695.1$；$C_V=0.19$；$C_S/C_V=3.5$
最大 15 日洪量/亿 m³	$E_X(t)=-0.482t+1484.0$；$C_V=0.19$；$C_S/C_V=3.0$
最大 30 日洪量/亿 m³	$E_X(t)=-0.905t+2745.3$；$C_V=0.18$；$C_S/C_V=3.0$

3.3.3　结果分析

3.3.3.1　方案 A 现状汛限水位方案

1. 汛期多年发电量

研究对象三峡水库的原设计汛限水位为 145.00m，选取实测系列 1882—2010 年共计 129 年的径流资料，按照三峡水库汛期常规发电调度进行计算，可推求得原设计汛限水位 145.00m 对应的多年平均汛期发电量为 410.80 亿 kW·h。

2. 一致性径流条件下的 $CVaR_\alpha$

依据式（3.6）可计算三峡水库各年的防洪损失值 $CVaR_\alpha$，式中损失函数的建立可以通过选取适当组数的入库来水设计频率和汛限水位值，则各年防洪损失函数 $L(x, \theta)$ 的表达式为

$$L(x,\theta)=cw_f(x,\theta) \tag{3.23}$$

式中　　$w_f(\cdot)$——下游防洪控制点需要承担的多余洪量；

　　　　　c——防洪损失单价，元/m³。

需要说明的是，由于防洪损失单位的确定目前仍存在研究探讨的价值，故本章节的所有实例研究中均做简化处理，直接假设各年的防洪损失单价为相同的常数值。

选取决策变量汛限水位值 x 从 140.00m 到 155.00m 以 0.10m 的增幅变化，随机变量入库洪水量级 θ 分别为相应于 0.01%、0.02%、0.05%、0.1%、0.2%、0.5%、

1%、2%、5%、10%和20%共计 11 种设计频率 $p(\theta)$ 下的设计洪水过程。因此，下游防洪控制点需要承担的多余洪量 w_f 和汛限水位值（或入库洪水量级）之间的关系如图 3.5 所示。由图 3.5 可知，从深灰色过渡到浅灰色表征着下游防洪控制点需要分担的多余洪量逐渐增加。随着水库汛限水位的抬高，洪水量级的增加，图中 w_f 的值也随之增加。

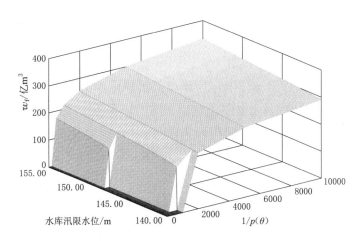

图 3.5 下游防洪控制点需要承担的多余洪量与汛限水位值（或入库洪水量级）关系

防洪损失评价指标 $CVaR_\alpha$ 值越大则代表潜在发生的防洪损失越大。一致性径流条件下防洪损失 $CVaR_\alpha$ 值与水库汛限水位及置信水平 α 的关系如图 3.6 所示。当选取相同的来水设计频率（或置信水平 α）的条件下，防洪损失 $CVaR_\alpha$ 值随着汛限水位值的增加而逐步增大，且 $CVaR_\alpha$ 值与汛限水位的变化呈单调不递减的关系。当汛限水位值相同时，随着来水量级越大，防洪损失 $CVaR_\alpha$ 值也越大。因此，水库汛限水位值越大、入库来水量级越大，则面临的可能发生的潜在的防洪损失越大，这与常理认知相符合，说明了防洪损失评价指标 $CVaR_\alpha$ 构建的合理性。

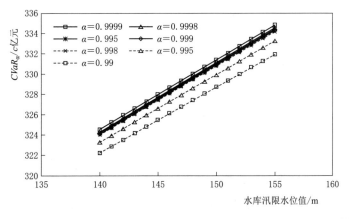

图 3.6 一致性径流条件下 $CVaR_\alpha$ 与汛限水位值（或入库洪水量级）关系

在三峡水库现状汛限水位方案下，汛限水位值取为 145.00m；通过选取多个典型年的百年一遇、千年一遇和万年一遇设计洪水过程进行水库常规防洪调度调洪演算可知，千年一遇设计洪水调洪演算过程的水库水位是否超过 175.00m 为汛限水位调整最主要的约束条件，因此选取来水设计频率为 0.1% 对应的各年 $CVaR_\alpha$ 值作为同方案 B1 和方案 B2 对比的主要指标。以 2020—2039 年这一时间段为研究对象，这 20 年所对应的累积洪水风险率为 2%，则在置信水平 α 取为 0.98 的条件下，这 20 年对应的总的防洪损失条件风险价值（用 β_α^n 表示）等于 330.60c 亿元 [式（3.15）]。

3.3.3.2　方案 B1 现状汛限水位方案

方案 B1 为非一致性径流条件下，以传统洪水风险率为约束条件的适应性水库汛限水位优化方案。非一致性径流条件下防洪损失 $CVaR_\alpha$ 的构建形式相同，仅是径流情景的输入不同。图 3.7 为方案 B1 的汛限水位优化结果，实心点代表的是非一致性径流条件下的汛限水位值（相邻 5 年的汛限水位取为相同值），叉号点代表的是一致性径流条件下的汛限水位值，虚线代表非一致性径流条件下的累计洪水风险率，实线代表一致性径流条件下的累计洪水风险率。根据图 3.7 可知，当三峡水库的非一致性径流情景呈递减趋势时，水库可在不增加累计风险率的前提下，将汛限水位向上抬升一定幅度。按照方案 B1 中汛限水位的优化方案进行常规发电调度，水库的汛期多年平均年发电量为 436.62 亿 kW·h，相比于原汛限水位方案能提高 6.29%。方案 B1 中防洪损失 $CVaR_\alpha^n$ 的计算式为式（3.14），则在置信水平 α 取 0.98 的条件下，水库在 2020—2039 年共计 20 年期间的总的可能发生的防洪损失 $CVaR_\alpha^n$ 等于 331.30c 亿元。

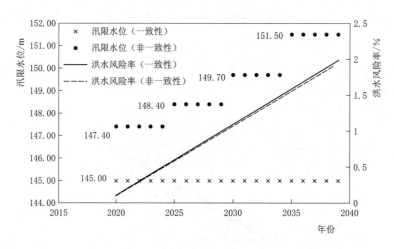

图 3.7　方案 B1 汛限水位优化结果

3.3.3.3　方案 B2 现状汛限水位方案

相比于方案 B1，方案 B2 新增了防洪损失评价指标 $CVaR_\alpha^n$ 作为适应性汛限水位优化模型的约束条件，但方案 B2 中非一致性条件下径流情景的输入与方案 B1 相同。因此，在方案 B2 中，汛限水位的优化不仅需要满足传统的累积洪水风险率的约束，还要满足基于条件风险价值的防洪损失评价指标的约束；而且，方案 A 中防洪损失条件风险价值 β_α^n 作为方案 B2 中防洪损失 $CVaR_\alpha^n$ 值的约束上限值。

图 3.8 为方案 B2 的汛限水位优化结果，实心点代表的是非一致性径流条件下的汛限水位值（相邻 5 年的汛限水位取为相同值），叉号点代表的是一致性径流条件下的汛限水位值，虚线代表非一致性径流条件下的防洪损失 $CVaR_\alpha^n$ 值，实线代表一致性径流条件下的防洪损失条件风险价值 β_α^n。根据图 3.8 可知，当三峡水库的非一致性径流情景呈递减趋势时，水库可在不超过一致性条件下的条件风险价值 β_α^n 的约束前提下，将汛限水位向上抬升一定幅度。按照方案 B2 中汛限水位的优化方案进行常规发电调度，水库的汛期多年平均年发电量为 430.98 亿 kW·h，相比于原汛限水位方案能提高 4.91%。方案 B2 中防洪损失 $CVaR_\alpha^n$ 的计算式为式（3.14），为了非一致性条件下和一致性条件下的防洪损失 $CVaR_\alpha^n$ 的可比性，方案 A 和方案 B2 中置信水平均取相同值。对于 2020 年，n 值取为 1，置信水平 $\alpha = 1 - R_1 = 1 - (1 - p_1) = p_1$，则 $CVaR_\alpha^1 = p_1 \cdot CVaR_{a1}/R_1$；对于 2021 年，$n$ 值取为 2，$\alpha = 1 - R_2 = 1 - (1 - p_1)(1 - p_2)$，则 $CVaR_\alpha^2 = (p_1 \cdot CVaR_{a1} + p_2 \cdot CVaR_{a2})/R_2$。在置信水平 α 取 0.98 的条件下，水库在 2020—2039 年共计 20 年期间的总的可能发生的防洪损失 $CVaR_\alpha^n$ 等于 330.50c 亿元。

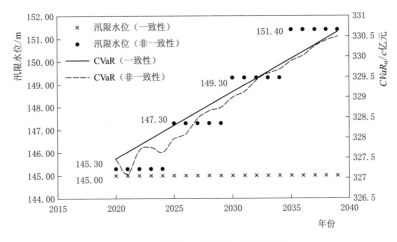

图 3.8　方案 B2 汛限水位优化结果

3.3.3.4　方案比较

方案 A 为一致性径流条件下的基本方案，汛限水位方案为三峡水库原汛限水位设计值 145.00m，该方案中的洪水风险率和防洪损失 $CVaR_\alpha^n$ 值为方案 B1 和方案 B2 中的对比值；方案 B1 为非一致性径流条件下，以传统累积洪水风险率为约束条件的适应性水库汛限水位优化方案；方案 B2 为非一致性径流条件下，以 n 年的防洪损失值

$CVaR_\alpha^n$ 和传统累积洪水风险率为约束条件的适应性水库汛限水位优化方案。将方案 B1 和方案 B2 与方案 A 对比，可知在非一致性径流条件下，水库汛限水位值存在一定的可调整空间。以三峡水库为例，非一致性径流情景下，三峡水库来水的统计参数均值呈递减的趋势，则水库汛限水位可存在一定的抬升空间，从而能提高汛期多年平均发电量。

表 3.3、图 3.9 和图 3.10 为 3 种方案下的结果对比。由表 3.3 可知，相比于方案 A，方案 B1 和方案 B2 中的汛限水位均有一定幅度的抬升，且方案 B2 中汛限水位的抬升幅度小于方案 B1。因此，在方案 B1 和方案 B2 的汛限水位方案中，汛期多年平均发电量分别为 436.62 亿 kW·h 和 430.98 亿 kW·h，相比于现状汛限水位方案而言，汛期多年平均发电量分别增幅 6.29％和 4.91％。

表 3.3 三种方案的汛限水位优化结果及发电量对比

年 份	汛 限 水 位 方 案/m			汛期多年平均年发电量/(亿 kW·h)		
	方案 A	方案 B1	方案 B2	方案 A	方案 B1	方案 B2
2020—2024	145.00	147.40	145.30			
2025—2029	145.00	148.40	147.30	410.80	436.62 (增幅 6.29％)	430.98 (增幅 4.91％)
2030—2034	145.00	149.70	149.30			
2035—2039	145.00	151.50	151.40			

图 3.9 为三种方案下洪水风险率的对比。方案 B1 和方案 B2 在 2020—2039 年的累计洪水风险率均不超过方案 A，且方案 B2 中洪水风险率比方案 B1 要小。一致性径流条件下设每年的风险率为 0.1％，则水库从 2020—2039 年共计 20 年的累计洪水风险率可计算为 1.98％，方案 B1 和方案 B2 在优化后的汛限水位方案下累计洪水风险率分别计算为 1.94％和 1.939％。

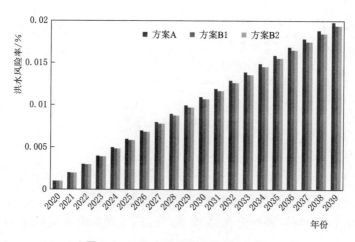

图 3.9 三种方案的洪水风险率对比

图 3.10 为 3 种方案下防洪损失 $CVaR_\alpha^n$ 值的对比。对比于方案 A，方案 B1 的防洪损失 $CVaR_\alpha^n$ 值比方案 A 中的条件风险价值 β_α^n 大，方案 B2 的防洪损失 $CVaR_\alpha^n$ 值比方案 A 中的条件风险价值 β_α^n 小。一致性径流条件下，若取置信水平为 0.98，则水库在 2020—2039 年共计 20 年期间的总的可能发生的防洪损失 β_α^n 等于 330.6c 亿元，而方案 B1 和方案 B2 中水库在 2020—2039 年共计 20 年期间的总的可能发生的防洪损失 $CVaR_\alpha^n$ 分别等于 331.30c 亿元和 330.50c 亿元。

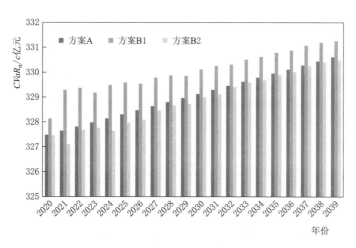

图 3.10　三种方案的防洪损失 $CVaR_\alpha^n$ 对比

因此，方案 B1 中优化的汛限水位虽然比方案 B2 中抬升幅度大，且汛期多年平均发电量增幅更大，但是方案 B1 不满足防洪损失评价指标 $CVaR_\alpha^n$ 的约束。

3.4 实例二——单库系统防洪损失条件风险价值评价指标的适用性验证

跨流域调水是通过大规模的人工方法从余水的流域向缺水流域大量调水，以便促进缺水区域的经济发展和缓解流域用水矛盾，可与水库进行水工程联合运用，从而实现水资源在流域"宏观"与"微观"双重尺度上的安全高效协调分配。跨流域调水工程的具体实施通常需要先分析流域洪水资源分布特征并明确水库水源区可调水量，然后从水库坝前修建引水工程将余水调至受水区。因此，本小节以考虑跨流域调水影响下的水库分期汛限水位优化设计为例，应用 3.2 节提出的单库系统防洪损失条件风险价值评价指标推求水库分期汛限水位优化方案。具体来说，应用步骤如下：①推求考虑跨流域调水影响下的水库汛期分期入库流量；②建立考虑跨流域调水影响下水库汛期分期洪水过程间的联合分布函数；③构建适用于水库调度领域的水库防洪损失条件风险价值评价指标；④推求考虑跨流域调水影响下的水库分期汛限水位优化设计方案。本节选取丹江口水库夏秋汛分期汛限水位为研究对象。

3.4.1 考虑跨流域调水影响下的汛期分期洪水相关性分析

依据《丹江口水库优化调度方案（2021 年度）》，丹江口水库汛期分期方式为：将汛期划分为夏汛期（6 月 21 日—8 月 20 日）、过渡期（8 月 21—31 日）、秋汛期（9 月 1 日—10 月 10 日）3 个分期。鉴于过渡期内仅在 1956 年 8 月 23 日、1993 年 8 月 27 日、1976 年 8 月 28 日发生了三场较小洪水，同时按照习惯且保证设计洪水取样，将丹江口水库的夏汛期与过渡期合并，将 6 月 21 日—8 月 31 日作为夏汛期样本（胡瑶等，2014）。分别统计夏汛期、秋汛期内最大洪峰流量，得到夏秋汛洪峰流量和夏秋汛最大 7 日洪量实测值；在此基础上，根据年际内汛期来说一般可满足陶岔渠首取水达最大设计流量 420m³/s，推求考虑陶岔渠首引调水影响后的夏秋汛洪峰流量和夏秋汛最大 7 日洪量值，并进行相关性分析。

3.4.1.1 零相关检验

衡量事物之间或变量之间线性相关程度的强弱，并用适当的统计指标表示出来，这个过程就是相关分析。一般，如果两个随机变量的线性相关系数越高，则相关系数的绝对值会越大；反之，则相关系数的绝对值越小。但是有时即使两个随机变量的不相关，甚至相互独立，由于抽样的随机性仍有可能有较大的样本相关系数。因此常常有必要对相关系数是否为零进行检验，这种检验称为零相关检验。将考虑陶岔渠首引调水影响后的夏秋汛洪峰流量和夏秋汛最大 7 日洪量分别组成联合观测序列，采用 Pearson 方法计算相关系数 r。采用零相关检验分析其相关性及相关程度。即提出原假设，H0：相关性为零；H1：相关性不为零。计算统计量 r_α 的公式为

$$r_\alpha = \frac{t_{\frac{\alpha}{2}}}{\sqrt{n-2+t_{\frac{\alpha}{2}}^2}} \qquad (3.24)$$

式中　n——样本数。

取 $\alpha=0.1$，查询 t 分布表得 $t_{\alpha/2}=1.672$，代入式（3.24），算出 $r_\alpha=0.218$。若当统计量 r 的绝对值大于临界值 r_α 时，则拒绝原假设，说明两个变量间相关性不为零；当统计量 r 的绝对值小于临界值 r_α 时，则接受原假设，说明两个变量间相关性为零。

夏秋汛洪峰流量和夏秋汛最大 7 日洪量的 Pearson 相关性系数分别为 0.23 和 0.30，均通过零相关检验，说明二者具有相关性，故选择其构建联合分布是合理的。

3.4.1.2 联合分布的建立

Copula 函数是定义域为 [0，1]，均匀分布的多维联合分布函数。由 Sklar 定理，设 X、Y 为连续的随机变量，边缘分布函数分别为 F_X 和 F_Y，$F(x，y)$ 为变量 X 和

Y 的联合分布函数，则存在唯一的函数 $C(u,v;\theta)$ 使得

$$F(x,y)=C(u,v;\theta)=C[F_X(x),F_Y(y);\theta], \forall x,y \qquad (3.25)$$

式中　　u,v——随机变量的边缘分布函数；

　　　　θ——Copula 函数的参数，可由其与 Kendall 秩相关系数的关系求得。

在水文分析计算中，常用的 Copula 函数有 Gumbel - Hougaard、Clayton 和 Frank。为选择最合适的 Copula 函数，采用离差平方和最小准则（OLS）来评价 Copula 方法的有效性，并选取 OLS 最小的 Copula 作为联结函数。OLS 的计算公式为

$$OLS = \sqrt{\frac{1}{n}\sum_{i=1}^{n}(Pe_i - P_i)^2} \qquad (3.26)$$

式中　　n——样本数；

Pe_i,P_i——经验频率和理论频率。

OLS 的计算结果见表 3.4，从表可以看出，OLS 值最小的 Copula 函数为 Clayton 函数，因此本书选取 Clayton Copula 作为联结函数。

表 3.4 <center>Copula 函 数 优 选 结 果</center>

Copula 函数	Clayton	Frank	Gumbel	Gaussian
θ	0.4363	1.8824	1.2333	0.3126
OLS 值	0.0160	0.0156	0.0190	0.0165

基于 Copula 函数可构建丹江口水库夏秋汛期洪水特征参数之间的相关关系，计算夏秋汛期最大 7 日洪量联合观测值的经验分布与理论分布结果如图 3.11 所示，表明所建立的夏秋汛最大 7 日洪量联合分布是合理可行的。此外，基于 Copula 方法的丹江口水库夏秋汛期联合分布函数及其剖面结果如图 3.12 所示。

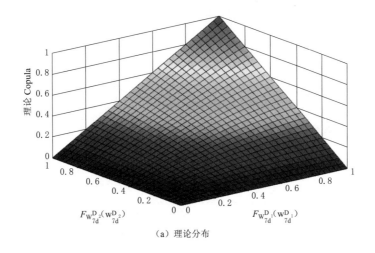

（a）理论分布

图 3.11（一）　丹江口水库夏秋汛最大 7 日洪量联合分布图

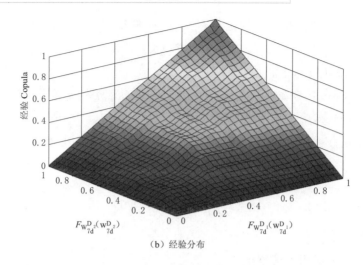

（b）经验分布

图 3.11（二）　丹江口水库夏秋汛最大 7 日洪量联合分布图

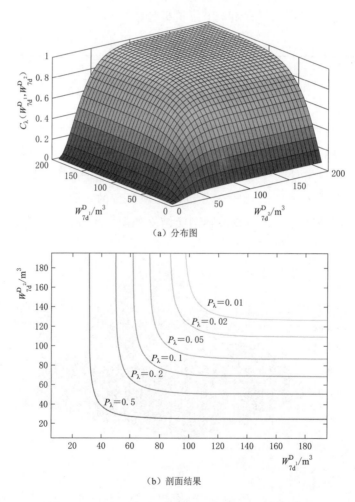

（a）分布图

（b）剖面结果

图 3.12　丹江口水库夏秋汛联合分布及其剖面结果

3.4.1.3　夏秋汛条件概率分布

依据已建立的夏秋汛联合分布关系，推求各分期洪水量级特征参数之间的条件发生概率。假定事件 A_1 表征夏汛期最大 7 日洪量超过其阈值，事件 A_2 表征秋汛期最大 7 日洪量超过其阈值。因此，当夏汛期最大 7 日洪量超过其阈值事件发生的前提下，秋汛期最大 7 日洪量亦超过其阈值事件的条件概率为

$$P(A_2 | A_1) = P(W_{7d}^{D_2} \geqslant h_{7d}^{D_2} | W_{7d}^{D_1} \geqslant h_{7d}^{D_1})$$

$$= \frac{p_1 + p_2 + C_\lambda(h_{7d}^{D_1}, h_{7d}^{D_2}) - 1}{p_1} \qquad (3.27)$$

式中　$C_\lambda(h_{7d}^{D_1}, h_{7d}^{D_2})$——夏汛期最大 7 日洪量实测值 $W_{7d}^{D_1}$ 与秋汛期最大 7 日洪量实测值 $W_{7d}^{D_2}$ 的联合概率分布，$P(A_1) = P(W_{7d}^{D_1} \geqslant h_{7d}^{D_1}) = 1 - F_{W_{7d}^{D_1}}(h_{7d}^{D_1}) = p_1$，$P(A_2) = P(W_{7d}^{D_2} \geqslant h_{7d}^{D_2}) = 1 - F_{W_{7d}^{D_2}}(h_{7d}^{D_2}) = p_2$。

图 3.13 所示为丹江口水库夏秋汛期洪水事件发生的条件概率分布，当夏汛期发生的洪水量级越大，秋汛期相应发生大洪水的概率越大。上述研究分析可验证考虑引调水工程对丹江口水库入库径流的影响后，丹江口水库夏秋汛洪水特征参数之间仍存在相关性。

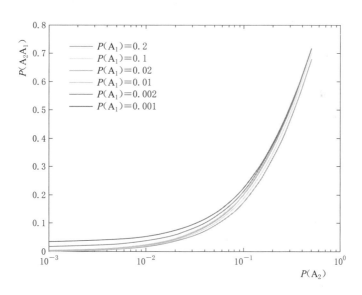

图 3.13　丹江口水库夏秋汛条件概率分布计算结果

3.4.2　水库夏秋汛水位组合优化

3.4.2.1　目标函数

优化模型目标函数选取为水库多年平均发电量最大、多年平均中线引水量最大和下游供水量最大，优化变量为水库夏汛水位、秋汛水位组合方案。

（1）多年平均发电量 E 为

$$E = \sum_{t=1}^{T} \frac{\left[N_{(t)} \Delta t \right]}{Y}$$

$$N_{(t)} = K Q_{\text{pg}(t)} \overline{H}_{(t)} \tag{3.28}$$

式中　t——调度时段；

　　　T——整个调度期；

　　$N_{(t)}$——时段 t 的水电站出力，kW；

　　Δt——时间间隔，s；

　　　Y——整个调度期对应的总年数；

　　　K——水电站综合出力系数；

　$Q_{\text{pg}(t)}$——t 时段的发电流量，m^3/s；

　$\overline{H}_{(t)}$——t 时段的平均出力水头，m。

（2）多年平均中线供水量 S 为

$$S = \sum_{t=1}^{T} \frac{\left[Q_{\text{d}(t)} \Delta t \right]}{Y} \tag{3.29}$$

式中　$Q_{\text{d}(t)}$——从上游水库中的引水流量，m^3/s。

（3）多年平均下游供水量 D 为

$$D = \sum_{t=1}^{T} \frac{\left[Q_{\text{out}(t)} \Delta t \right]}{Y} \tag{3.30}$$

式中　$Q_{\text{out}(t)}$——从水库出库流量，m^3/s。

3.4.2.2　约束条件

构建的模拟—优化模型，需要满足以下约束条件：

（1）水量平衡约束。

$$V_{(t+1)} = V_{(t)} + \left[Q_{\text{in}(t)} - Q_{\text{out}(t)} - Q_{\text{d}(t)} \right] \Delta t \tag{3.31}$$

式中　$V_{(t)}$，$V_{(t+1)}$——时段初、末的库容，m^3；

　　　$Q_{\text{in}(t)}$——t 时段的入库流量，m^3/s；

　　　$Q_{\text{out}(t)}$——t 时段的出库流量，m^3/s，包含发电流量 $Q_{\text{pg}(t)}$ 与弃水流量，m^3/s；

　　　$Q_{\text{d}(t)}$——t 时段从上游库区中的引水流量，m^3/s，Δt 为计算时段，本项目采用日尺度。

（2）水库防洪风险约束。

$$R(Z_{t,\max}, Q_{t,\max}) \leqslant R_0(Z_{0,\max}, Q_{0,\max}) \tag{3.32}$$

式中　$Z_{t,\max}$——水库优化夏秋汛水位组合方案下模拟计算过程中的最高坝前水位值；

　　　$Q_{t,\max}$——水库优化夏秋汛水位组合方案下模拟计算过程中的最大下泄流量值；

$Z_{0,\max}$——水库现状夏秋汛水位方案下的最高坝前水位值；

$Q_{0,\max}$——水库现状夏秋汛水位方案下的最大下泄流量值。

（3）水库水位约束。

$$Z_{(t)}^{L} \leqslant Z_{(t)}^{S} \leqslant Z_{(t)}^{U} \tag{3.33}$$

式中　$Z_{(t)}^{S}$——t 时刻的上游水位，m；

$Z_{(t)}^{L}$，$Z_{(t)}^{U}$——t 时刻允许的最低、最高水位，m。

根据水库调度图，$Z_{(t)}^{L}$ 取为极限消落水位，145.0m；$Z_{(t)}^{U}$ 在非汛期为正常蓄水位，在汛期为防洪限制水位（m）。

（4）水库出库流量约束。

$$\begin{cases} Q_{\text{out}(t)}^{U} = f_{\text{HQ}}\left[Z_{(t)}^{S}\right] \\ Q_{\text{out}(t)}^{L} \leqslant Q_{\text{out}(t)} \leqslant Q_{\text{out}(t)}^{U} \end{cases} \tag{3.34}$$

式中　$Q_{\text{out}(t)}^{L}$，$Q_{\text{out}(t)}^{U}$——时段出库流量的下限、上限，m^3/s；

$f_{\text{HQ}}(*)$——上游水位与出库流量关系函数。

其中，出库流量下限由下游综合利用如灌溉、航运等要求确定，丹江口水库的最小下泄流量为 490m^3/s，上限由水库的泄流能力、防洪要求等确定。

（5）出库流量尾水位关系约束。

$$\overline{Z}_{(t)}^{X} = f_{\text{ZQ}}\left[Q_{\text{out}(t)}\right] \tag{3.35}$$

式中　$\overline{Z}_{(t)}^{X}$——t 时刻下游平均水位，m；

$f_{\text{ZQ}}(*)$——出库流量与尾水位曲线函数。

（6）水电站水头约束。

$$\begin{cases} \overline{Z}_{(t)}^{S} = \dfrac{Z_{(t)}^{S} + Z_{(t+1)}^{S}}{2} \\ \Delta H_{(t)} = f_{\Delta H}\left[Q_{\text{pg}(t)}\right] \\ \overline{H}_{(t)} = \overline{Z}_{(t)}^{S} - \overline{Z}_{(t)}^{X} - \Delta H_{(t)} \end{cases} \tag{3.36}$$

式中　$Z_{(t)}^{S}$，$Z_{(t+1)}^{S}$——时段初、末的上游水位，m；

$\overline{Z}_{(t)}^{S}$——时段 Δt 的平均上游水位，m；

$\Delta H_{(t)}$——时段水头损失，m；

$Q_{\text{pg}(t)}$——时段的发电流量，m^3/s；

$f_{\Delta H}(*)$——水电站水头损失函数；

$\overline{H}_{(t)}$——时段 Δt 的净水头，m。

（7）水电站出力约束。

$$\begin{cases} N_{(t)}^{U} = f_{\text{HN}}\left[\overline{H}_{(t)}\right] \\ N_{(t)}^{L} \leqslant N_{(t)} \leqslant N_{(t)}^{U} \end{cases} \tag{3.37}$$

式中　$f_{HN}(*)$——水电站水头与预想出力关系函数；

　　　$N_{(t)}^{L}$，$N_{(t)}^{U}$——时段出力下限、上限，一般由电站装机、机组额定出力、振动区
　　　　　　　　　及调峰要求等综合确定，kW。

（8）非负约束。各变量必须为非负值。

3.4.2.3　模型求解结果

采用多目标求解优化算法 NSGA-Ⅱ可得到丹江口水库考虑跨流域调水影响后的夏秋汛分期汛限水位优化设计方案为 161.90m、164.80m。与该领域已有的相关研究结论对比分析见表 3.5。与水库夏秋汛原设计方案相比，多年平均发电量、陶岔可供水量、对中下游供水等指标对比结果见表 3.6。水库年均发电效益、年均中线引水量均有所增加，水库弃水量减少。因此，丹江口水库考虑洪水资源化利用可进一步增大汛期库容蓄水量，提高可供中线受水区引水量，但也导致其为水库下游提供的供水量有所减少，后续可联合跨流域引调水工程，如规划建设的引江补汉工程对其坝下游供水进行相机补水。

表 3.5　　　　　　　　　丹江口水库汛期洪水资源化利用计算结果对比

序号	方案来源	方案结论
1	《丹江口水利枢纽调度规程（试用）》	在汛期未发生洪水时，水库按不高于防洪限制水位运行：夏汛期 6 月 21 日—8 月 20 日防洪限制水位为 160.0m；8 月 21—31 日为夏汛期向秋汛期的过渡期；秋汛期 9 月 1 日至 10 月 10 日，其中 9 月 1—30 日防洪限制水位为 163.50m；考虑泄水设施启闭运行、水情预报误差，实时调度时水库运行水位可在防洪限制水位以下 0.50m 至以上 0.50m 范围内变动
2	武汉大学郭生练团队文献成果	《丹江口水库设计洪水复核及偏大原因分析》——水力发电学报：采用 P3/CF 和 P3/LM 模型对设计洪水成果进行复，丹江口水库现状设计和校核洪水设计值偏大，水库汛限水位值偏保守，建议可向上浮动 2m，即，夏、秋汛限水位分别可提高到 162.00m、165.00m； 《丹江口水库洪水资源调控关键技术研究》：考虑 3d 预见期，丹江口水库夏、秋汛限水位分别可提高到 161.40m、164.40m
3	水利部关于《丹江口水库优化调度方案（2021 年度）》的批复	当安康水库在防洪限制水位以下、汉口水位在 25m 以下，且预报三天内丹江口水利枢纽以上地区及丹江口—黄庄（碾盘山）区间没有中等及以上强度降雨、不会发生较大洪水过程时，丹江口水库水位夏汛期可按不超过 161.50m、秋汛期可按不超过 165.50m 运行
4	本书研究方法	采用一种比传统风险率方法更为严苛的条件风险价值理论，开展丹江口水库分期汛限水位优化设计研究，可推求：丹江口水库夏、秋汛水位分别可设置为 161.90m、164.80m

表 3.6　　　　　　　　　　　　模拟计算结果指标对比

指标	现状方案	优化方案	变化值
夏汛水位/m	160.00	161.90	1.90
秋汛水位/m	163.50	164.80	1.30

续表

指　标	现状方案	优化方案	变化值
入库水量/亿 m³	374.50	374.50	0.00
陶岔渠首可供水量/亿 m³	89.80	92.60	2.80
汉江下游供水量/亿 m³	273.00	268.80	−4.20
水库弃水量/亿 m³	61.90	60.30	−1.60
调度期末水位/m	162.80	163.90	1.10
调度期末蓄水量/亿 m³	226.40	235.80	9.40
水库发电量/(亿 kW·h)	35.2	35.40	0.20

　　筛选丰、较丰、平、枯、特枯水年共计 5 个典型年对比分析汛限水位组合方案优化后调度过程的合理性,如图 3.14 和图 3.15 所示。需要说明的是,由于指标计算里

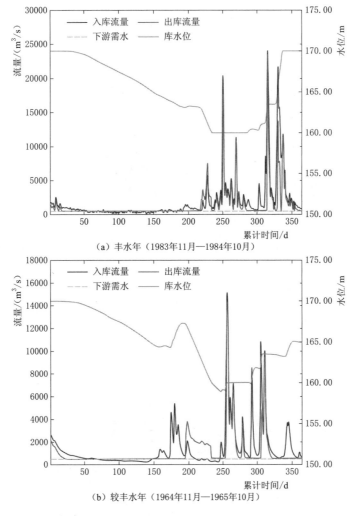

(a) 丰水年（1983年11月—1984年10月）

(b) 较丰水年（1964年11月—1965年10月）

图 3.14 (一)　现状设计方案下典型年调度过程

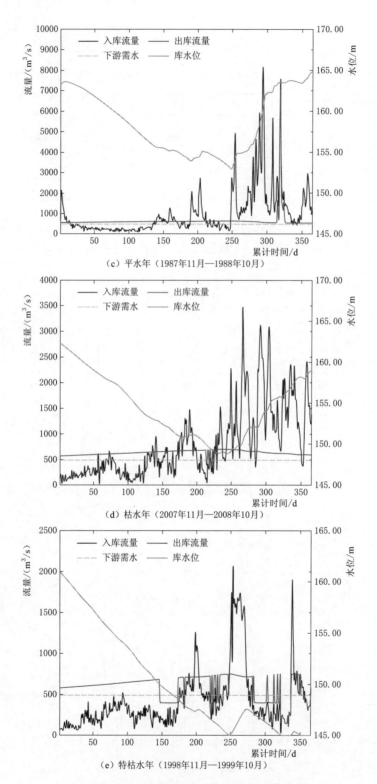

（c）平水年（1987年11月—1988年10月）

（d）枯水年（2007年11月—2008年10月）

（e）特枯水年（1998年11月—1999年10月）

图 3.14（二） 现状设计方案下典型年调度过程

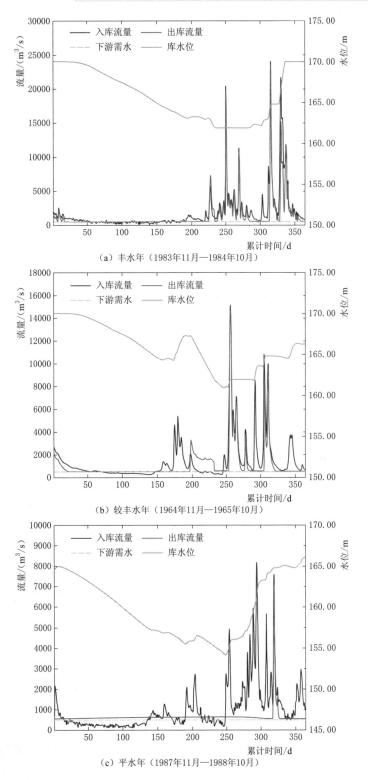

（a）丰水年（1983年11月—1984年10月）

（b）较丰水年（1964年11月—1965年10月）

（c）平水年（1987年11月—1988年10月）

图 3.15（一） 优化设计方案下典型年调度过程

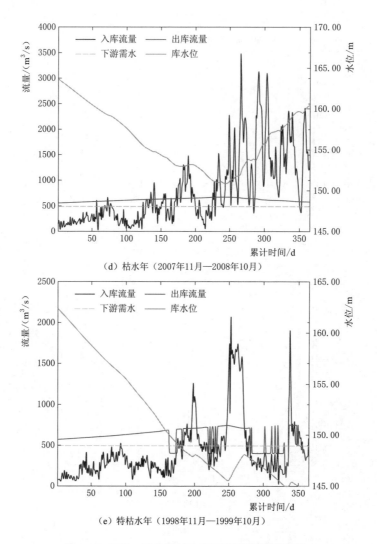

（d）枯水年（2007年11月—2008年10月）

（e）特枯水年（1998年11月—1999年10月）

图 3.15（二） 优化设计方案下典型年调度过程

包含陶岔渠首可供水量，根据南水北调中线一期工程调度年度从每年 11 月 1 日至次年 10 月 30 日为一个周期，因此，5 个典型年选择如下：①丰水年（1983 年 11 月—1984 年 10 月）；②较丰水年（1964 年 11 月—1965 年 10 月）；③平水年（1987 年 11 月—1988 年 10 月）；④枯水年（2007 年 11 月—2008 年 10 月）；⑤特枯水年（1998 年 11 月—1999 年 10 月）。对比多个典型水库调度过程可发现，在相同来水情景下，夏秋汛组合优化方案比现状组合方案在调度过程中最低水位更高，且调度期末水位均有一定幅度提升，即本小节优化的水库夏秋汛分期汛限水位组合方案可在不增加防洪风险的基础上，显著提升水库蓄水资源量，可为陶岔渠首增加可供水潜力，而引起的汉江中下游供水减少可考虑后续引江补汉工程建设运行后与之开展水工联合调度进行缓解，从而进一步实现流域水资源的优化配置。

3.5 水库群系统防洪损失条件风险价值指标的计算方法

在单库系统防洪损失条件风险价值计算方法的基础上，将该指标拓展应用到水库群系统中。以库群系统中的水库下游防洪控制点为研究对象，分别建立相应的防洪损失条件风险价值指标；若下游防洪控制点 k 对应的上游水库个数为 n，则其防洪损失条件风险价值计算式为

$$CVaR_{k,\alpha}=\frac{\int_{F_{k,\alpha}}^{\max_k}L_k(x_1,x_2,\cdots,x_n,\theta_k)f_k[L_k(x_1,x_2,\cdots,x_n,\theta_k)]\mathrm{d}L_k}{1-\alpha} \tag{3.38}$$

式中 x_i——第 i 个水库的防洪库容值（或汛限水位值）；

θ_k——库群系统对应的流域洪水量级；

$L_k(\cdot)$——防洪控制点的损失函数；

$F_{k,\alpha}$——相应于置信水平 α 的防洪损失阈值；

$\max_k$——损失函数的最大值；

$f_k(\cdot)$——防洪损失的概率密度函数。

因此，针对库群系统中不同的防洪控制点 k 可分别推求其相应的防洪损失条件风险价值 $CVaR_{k,\alpha}$，并将库群系统划分为以不同防洪控制点对应的子系统；在每个子系统层面，以各水库现状设计防洪库容对应的防洪损失条件风险价值为约束上限，可推求子系统中各水库允许的最小防洪库容值。从库群系统层面，若以现状的水库防洪库容（或汛限水位）组合方案计算所得的条件风险价值为约束上限，即可识别水库群系统中不同水库防洪库容组合方案的可行性，从而开展基于条件风险价值防洪损失评价指标的水库群防洪库容可行区间研究。

需要说明的是，依据我国《水利水电工程设计洪水计算规范》（SL 44—2006），推求水库群系统设计洪水过程的研究方法主要有地区组成法、频率组合法和随机模拟法。由于本章节研究内容的侧重点在于提出基于条件风险价值的防洪损失评价指标，且重点关注流域水库群系统中防洪控制点的防洪安全，故本章节中库群系统中的设计洪水过程采用典型年地区组成法进行推求；该方法思路清晰、直观，且具有计算简便的特点，常适用于分区较多且组成较为复杂的情形，是计算梯级水库设计洪水最常用的方法。典型年地区组成法的基本思想是以对防洪不利的角度出发，从实测洪水序列中挑选一个或几个具有代表性的洪水典型年，然后将设计断面的设计洪量视为核心控制参数，根据典型年各分区与该设计断面之间的洪量比例关系，推求各分区的洪量值。

3.6 研究实例一——安康—丹江口两库系统

本小节以安康—丹江口水库群串联系统为例，针对一个简单的两库系统开展基于条件风险价值防洪损失评价指标的水库群防洪库容可行区间研究。该两库系统有 2 个防洪控制点，分别为安康市和皇庄站。以安康水库及其下游防洪控制点安康市构成一个单库子系统，围绕该防洪控制点建立防洪损失条件风险价值 $CVaR_{AK,\alpha}$ 可推求安康水库防洪库容值的可行区间。而皇庄站是整个安康—丹江口库群系统的流域防洪控制站点，以该站点建立防洪损失条件风险价值可剖析库群系统层面中安康水库防洪库容值、丹江口水库防洪库容值，及该两库的防洪库容组合方案对于整个系统的防洪损失 $CVaR_{HZ,\alpha}$ 的响应规律。综合安康水库下游防洪控制点安康市和库群系统下游皇庄站的防洪标准，选取置信水平为 0.99 和 0.999 两种情形计算防洪损失条件风险价值指标。考虑到安康—丹江口水库群系统的夏汛期和秋汛期的水库特征参数是独立分开设计的，且在同设计频率条件下夏汛期的设计洪水量级相比秋汛期设计洪水量级更大，故本章节仅以夏汛期为研究时段开展实例分析。

3.6.1 安康水库防洪库容可行区间结果

根据式（3.6）可建立安康水库及其下游防洪控制点安康市子系统的防洪损失条件风险价值指标。选取决策变量安康水库夏汛期汛限水位值 x_{AK} 从 305.00m 到 330.00m 以 0.50m 的增幅变化，随机变量入库洪水量级 θ_{AK} 分别为相应于 0.01%、0.1%、1%、5%、10% 和 20% 共计 6 种设计频率下的设计洪水过程，典型年选取为 1957 年、1978 年、1981 年、1983 年、1989 年和 2010 年。因此，下游防洪控制点安康市需要承担的多余洪量 $w_{AK,f}$ 和汛限水位值（或入库洪水量级）之间的关系可如图 3.16 所示。由图 3.16 可知，从深灰色过渡到浅灰色表征着下游防洪控制点需要分担的多余洪量逐渐增加；随着水库汛限水位的抬高，洪水量级的增加，图中 $w_{AK,f}$ 值也随之增加。

根据 3.3 节中针对防洪损失评价指标 $CVaR_\alpha$ 值与水库汛限水位值及入库洪水量级关系的合理性分析可知，当选取相同的来水设计频率（或置信水平 α）的条件下，防洪损失 $CVaR_\alpha$ 值随汛限水位值的增加呈单调不递减的关系；当汛限水位值相同时，随着来水量级越大，防洪损失 $CVaR_\alpha$ 值也越大。若以安康水库夏汛期现状汛限水位（或夏汛期防洪库容值）方案所对应的防洪损失条件风险价值 $CVaR_{AK,\alpha}$ 为约束上限值（即 $CVaR_{AK,0.99}=13.78c$ 亿元，$CVaR_{AK,0.999}=14.08c$ 亿元），安康水库允许的夏汛期汛限水位值不应超过现状设计方案的 325.00m（相应的防洪库容值为 3.60 亿 m³）。因此，在不降低现状防洪标准的前提下，以安康水库夏汛期现状防洪库容所对应的防洪损

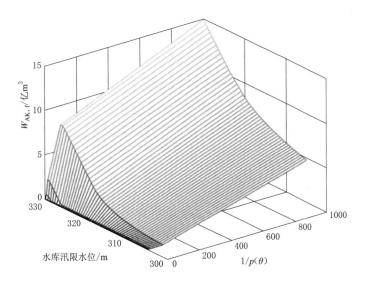

图 3.16 下游防洪控制点安康市需要承担的多余洪量与安康水库
汛限水位（或入库洪水量级）关系

失条件风险价值为约束上限可推求，安康水库夏汛期允许的最小防洪库容为 3.60 亿 m^3。

3.6.2 安康—丹江口水库群总防洪库容可行区间结果

若以库群系统下游防洪控制点皇庄站为研究对象，根据式（3.38）可构建整个安康—丹江口水库群系统的防洪损失条件风险价值指标。但考虑到库群系统中的安康水库和丹江口水库的防洪库容值存在多种组合方案，本节拟定 3 个情景分别剖析安康水库、丹江口水库对于整个库群系统的防洪损失条件风险价值的响应关系如下：

（1）情景 3.1。丹江口水库夏汛期防洪库容值固定为现状设计方案的 110.00 亿 m^3（相应夏汛期汛限水位 160.00m），仅变动安康水库夏汛期防洪库容值，探究安康水库防洪库容值与库群系统总的防洪损失条件风险价值的关系。

（2）情景 3.2。安康水库夏汛期防洪库容值固定为现状设计方案的 3.60 亿 m^3（相应夏汛期汛限水位 325.00m），仅变动丹江口水库夏汛期防洪库容值，探究丹江口水库防洪库容值与库群系统总的防洪损失条件风险价值的关系并推求丹江口水库允许的防洪库容可行区间。

（3）情景 3.3。固定库群系统的夏汛期总防洪库容值，通过变动安康水库和丹江口水库的防洪库容组合方案，剖析安康—丹江口水库群夏汛期防洪库容可行区间的特征。

为统一考虑，随机变量入库洪水量级 θ 同样选取为分别相应于 0.01%、0.1%、1%、5%、10% 和 20% 共计 6 种设计频率下的设计洪水过程，库群系统的典型年选取为 1957 年、1978 年、1980 年、1981 年、1983 年、1989 年和 2010 年。

3.6.2.1 水库群现状设计防洪库容方案下的防洪损失条件风险价值

安康水库夏汛期防洪库容为 3.60 亿 m^3，对应夏汛期汛限水位值为 325.00m；丹江口水库夏汛期防洪库容为 110.00 亿 m^3，对应夏汛期汛限水位值为 160.00m。因此，安康—丹江口水库群系统在现状设计防洪库容方案下的防洪损失条件风险价值根据式 (3.38) 计算可得：当置信水平选取为 $\alpha = 0.99$ 时，$CVaR_{HZ,0.99} = 64.79c$ 亿元；当置信水平选取为 $\alpha = 0.999$ 时，$CVaR_{HZ,0.999} = 64.81c$ 亿元；而且这两个指标值可作为后续 3 个情景讨论时的防洪损失条件风险价值的约束条件，即变动水库群防洪库容组合方案所对应的防洪损失 $CVaR_{HZ,\alpha}$ 不能超过现状设计防洪库容组合方案所对应的条件风险价值。

根据式 (3.24) 可知，安康—丹江口两库系统构建的损失函数为安康水库防洪库容值、丹江水库防洪库容值和库群系统来水量级 3 个变量的表达式，此处选取两个切面的计算结果进行如下展示：

(1) 当安康水库夏汛期汛限水位值固定为现状设计方案 325.00m 时，安康—丹江口库群系统下游防洪控制点皇庄站需要分担的多余洪量 $w_{HZ,f}$ 值与丹江口水库夏汛期汛限水位值的关系如图 3.17 所示。在不同来水量级的情景下（为避免图中系列过多，此处仅选取设计频率分别为 0.1%、1%、5% 进行展示），$w_{HZ,f}$ 与丹江口水库汛限水位值的关系均呈现相同的变化规律。当丹江口水库汛限水位值较小时，$w_{HZ,f}$ 值也很小且为某一常数值，这一阶段说明水库群系统自身具备一定的防洪调节能力（库群系统防洪库容较大），上游水库群可遵循调度规则将入库洪水量进行合理地调节而不额外增加下游防洪控制点的防洪风险；但当丹江口水库汛限水位值逐步增大到某一值之后，$w_{HZ,f}$ 值开始随着丹江口水库汛限水位值的提升而急剧增加。丹江口水库现状设计方案下防洪库容值为 160.00m，在图 3.17 中所对应的 $w_{HZ,f}$ 值可取到相同来水量级系列中的最小值，因此，在其他条件相同的前提下（安康水库夏汛期防洪库容值、来水量级），丹江口水库现状设计方案下的夏汛期防洪库容对应的防洪损失条件风险价值

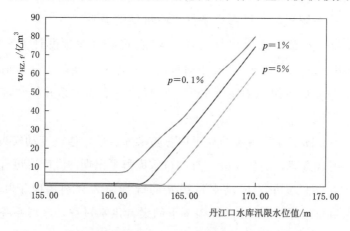

图 3.17 下游防洪控制点皇庄站需要分担的多余洪量与丹江口水库汛限水位值的关系

为最小值。

（2）当丹江口水库夏汛期汛限水位固定为现状设计方案 160.00m 时，安康—丹江口库群系统下游防洪控制点皇庄站需要分担的多余洪量 $w_{HZ,f}$ 值与安康水库夏汛期汛限水位值的关系如图 3.18 所示。在不同来水量级的情景下，$w_{HZ,f}$ 与安康水库汛限水位值的关系均呈现类似的变化规律。当安康水库汛限水位值较小时，$w_{HZ,f}$ 值很小且为某一常数值，这一阶段说明水库群系统自身具备一定的防洪调节能力，上游水库群可遵循调度规则将入库洪水量进行合理地调节而不额外增加下游防洪控制点的防洪风险；但当安康水库汛限水位值逐步增大到某一值之后，$w_{HZ,f}$ 值开始随着安康水库汛限水位值的抬升而迅速增大。此外，安康水库的库容量级在整个库群系统中所占比重较小且丹江口水库处于其下游，故当来水量级在百年一遇以下时，安康水库汛限水位值的变动对于库群系统下游防洪控制点皇庄站需要分担的多余洪量 $w_{HZ,f}$ 值的影响并不显著。安康水库夏汛期现状设计汛限水位值 325.00m，在图 3.18 中所对应的 $w_{HZ,f}$ 值可取到相同来水量级系列中的最小值，因此，在其他条件（丹江口水库夏汛期防洪库容值、来水量级）相同的前提下，安康水库夏汛期现状设计防洪库容值对应的防洪损失条件风险价值为最小值。

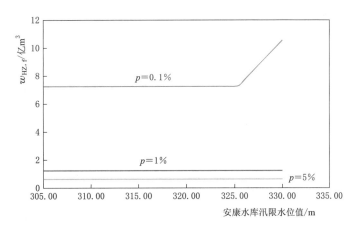

图 3.18　下游防洪控制点皇庄站需要分担的多余洪量与安康水库汛限水位值的关系

3.6.2.2　仅变动安康水库防洪库容值方案（情景 3.1）

情景 3.1 的设定为固定丹江口水库夏汛期防洪库容值为现状设计方案 110.00 亿 m³（相应于夏汛期汛限水位 160.00m）的基础上，通过以 0.50 亿 m³ 的变幅在 0.10 亿～13.60 亿 m³ 的范围内变动安康水库夏汛期防洪库容值，从而分析安康水库的防洪库容值对安康—丹江口水库群系统的防洪损失条件风险价值 $CVaR_{HZ,a}$ 的驱动影响效果。需要说明的是，区别于 3.5.1 节中以防洪控制点安康市为研究对象建立的安康水库子系统的防洪损失指标仅考虑安康水库对其下游安康市的防洪损失条件风险价值的影响，本小节中侧重考虑安康水库防洪库容值对整个两库系统的防洪损失 $CVaR_{HZ,a}$ 的贡献。

图 3.19 和表 3.7 为固定丹江口水库防洪库容，仅变动安康水库防洪库容值方案的计算结果（情景 3.1）。结合图 3.19 和表 3.7 可知，当安康水库夏汛期防洪库容值在 0.10 亿～3.60 亿 m^3 范围内变动时，安康—丹江口水库群系统的防洪损失 $CVaR_{HZ,\alpha}$ 值呈逐渐减小的趋势；而在安康水库夏汛期防洪库容值从 3.60 亿～13.60 亿 m^3 的范围内趋于一个稳定值，且根据表 3.7 可知，该稳定值恰好等于安康—丹江口水库群系统现状设计防洪库容方案所推求的防洪损失条件风险价值。若以不超过现状设计防洪库容方案所对应的防洪损失条件风险价值指标为约束条件，则在安康—丹江口水库群系统中安康水库夏汛期的最小防洪库容值应为 3.60 亿 m^3。

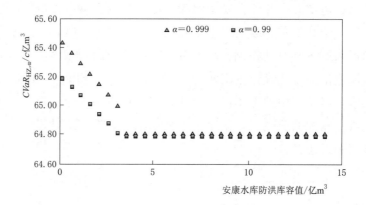

图 3.19 仅变动安康水库防洪库容值方案的结果（情景 3.1）

表 3.7 仅变动安康水库防洪库容值方案的防洪损失 $CVaR_{HZ,\alpha}$ 计算结果

安康水库防洪库容 /亿 m^3	$CVaR_{HZ,\alpha}/c$ 亿 m^3		安康水库防洪库容 /亿 m^3	$CVaR_{HZ,\alpha}/c$ 亿 m^3	
	$\alpha=0.999$	$\alpha=0.99$		$\alpha=0.999$	$\alpha=0.99$
0.10	65.44	65.19	7.10	64.81	64.79
0.60	65.37	65.13	7.60	64.81	64.79
1.10	65.30	65.08	8.10	64.81	64.79
1.60	65.23	65.01	8.60	64.81	64.79
2.10	65.16	64.95	9.10	64.81	64.79
2.60	65.09	64.88	9.60	64.81	64.79
3.10	65.01	64.82	10.10	64.81	64.79
3.60	64.81	64.79	10.60	64.81	64.79
4.10	64.81	64.79	11.10	64.81	64.79
4.60	64.81	64.79	11.60	64.81	64.79
5.10	64.81	64.79	12.10	64.81	64.79
5.60	64.81	64.79	12.60	64.81	64.79
6.10	64.81	64.79	13.10	64.81	64.79
6.60	64.81	64.79	13.60	64.81	64.79

3.6.2.3 仅变动丹江口水库防洪库容值方案 (情景 3.2)

情景 3.2 的设定为固定安康水库夏汛期防洪库容值为现状设计方案 3.60 亿 m³ (相应于夏汛期汛限水位为 325.00m) 的基础上，通过以 5.00 亿 m³ 的变幅在 40.00 亿～140.00 亿 m³ 的范围内变动丹江口水库夏汛期防洪库容值，从而分析丹江口水库的防洪库容值对安康—丹江口水库群系统的防洪损失条件风险价值 $CVaR_{HZ,\alpha}$ 的驱动影响效果。

图 3.20 为固定安康水库防洪库容，仅变动丹江口水库防洪库容值方案的计算结果 (情景 2)。由图 3.20 可知，当丹江口水库夏汛期防洪库容值在 40.00 亿～110.00 亿 m³ 的范围内变动时，安康—丹江口水库群系统的防洪损失 $CVaR_{HZ,\alpha}$ 呈逐渐减小的趋势；而 $CVaR_{HZ,\alpha}$ 在丹江口水库夏汛期防洪库容值处于 110.00 亿～140.00 亿 m³ 的范围内趋于一个稳定值，且该稳定值恰好等于安康—丹江口水库群系统夏汛期现状设计防洪库容方案所推求的防洪损失条件风险价值。类比情景 1 结果的分析，若以不超过现状设计防洪库容方案所对应的防洪损失条件风险价值指标为约束条件，则在安康—丹江口水库群系统中丹江口水库夏汛期最小的防洪库容值应在 105.00 亿～110.00 亿 m³ 的区间范围内取得。

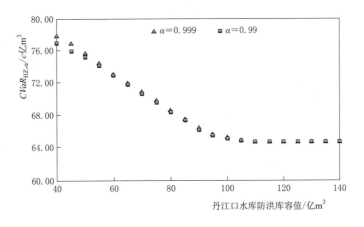

图 3.20 仅变动丹江口水库防洪库容值方案的结果 (情景 3.2)

为了进一步明确丹江口水库夏汛期的最小防洪库容值，设置丹江口水库夏汛期防洪库容值在 105.00 亿～110.00 亿 m³ 的范围内以更小的变幅开展试算。具体计算结果如下：先以 1.00 亿 m³ 的变幅进行计算，将丹江口水库夏汛期最小防洪库容值的范围缩小到 105.00 亿～106.00 亿 m³ 内；以 0.10 亿 m³ 的变幅进行计算，将丹江口水库夏汛期最小防洪库容值的范围缩小到 105.80 亿～105.90 亿 m³；最后以 0.01 亿 m³ 的变幅进行计算，明确丹江口水库夏汛期最小防洪库容值应为 105.90 亿 m³。因此，为确保水库群系统的防洪损失 $CVaR_{HZ,\alpha}$ 值不增加，丹江口水库夏汛期的允许最小防洪库容值为 105.90 亿 m³ (相应的夏汛期汛限水位为 160.50m)。

3.6.2.4　固定库群系统总防洪库容方案（情景3.3）

情景3.3的设定为固定安康—丹江口水库群系统的夏汛期总防洪库容值，通过变动安康水库和丹江口水库的防洪库容组合方案，剖析安康—丹江口水库群夏汛期防洪库容可行区间的特征。其中，安康水库夏汛期现状防洪库容值为 3.60 亿 m³，丹江口水库夏汛期现状防洪库容值为 110.00 亿 m³，则库群夏汛期总防洪库容值应固定为 113.60 亿 m³。本节采用的具体计算方案为：固定库群夏汛期总防洪库容值，将安康水库夏汛期防洪库容值以 0.50 亿 m³ 的变幅在 0.10 亿～14.10 亿 m³ 的范围内变化，而丹江口水库的夏汛期防洪库容值则随着安康水库夏汛期防洪库容值的变动而调整，得到如图 3.21（a）所示和表 3.8 的计算结果。表 3.8 中，固定安康—丹江口水库群夏汛期总防洪库容值，将安康水库夏汛期防洪库容值依次从 0.10 亿 m³ 逐渐增加至 14.10 亿 m³，丹江口水库夏汛期防洪库容值随之变化的库容组合方案按序依次编号为 1～29 号方案。如图 3.21（a）所示，安康—丹江口水库群系统的夏汛期防洪损失 $CVaR_{HZ,\alpha}$ 值在编号 1～8 方案呈逐渐减小的趋势，在编号 8～16 方案呈稳定常数值，在编号 16～29 方案又呈逐渐增大的趋势。因此，当水库群系统总防洪库容值固定为某一常数值的前提下，若库群系统中水库的防洪库容组合方案不同，对应的库群系统的防洪损失 $CVaR_{HZ,\alpha}$ 值并不是固定不变的常数值，而是一个随着防洪库容组合方案而变动的值。结合图 3.21（a）和表 3.8 的计算结果可知，防洪库容组合方案在编号 8～16 中所计算的防洪损失 $CVaR_{HZ,\alpha}$ 值是等于水库群系统夏汛期现状防洪库

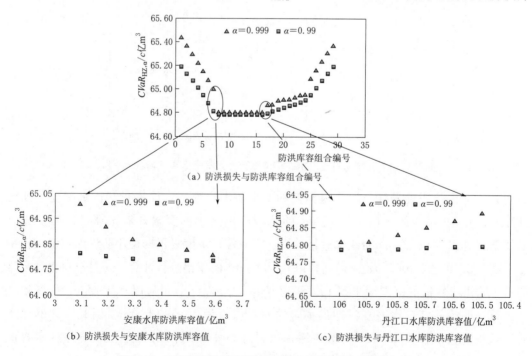

（a）防洪损失与防洪库容组合编号

（b）防洪损失与安康水库防洪库容值　　　（c）防洪损失与丹江口水库防洪库容值

图 3.21　固定库群系统总防洪库容方案的结果（情景3.3）

容方案所对应的防洪损失条件风险价值，即编号8~16的防洪库容组合方案是满足不额外增加库群系统潜在防洪损失的可行性方案。

表3.8　　　　　固定库群系统总防洪库容方案的防洪损失 $CVaR_{HZ,\alpha}$ 计算结果

组合编号	安康水库防洪库容值/亿 m³	丹江口水库防洪库容/亿 m³	库群防洪库容/亿 m³	$CVaR_{HZ,\alpha}/c$ 亿 m³		组合编号	安康水库防洪库容值/亿 m³	丹江口水库防洪库容/亿 m³	库群防洪库容/亿 m³	$CVaR_{HZ,\alpha}/c$ 亿 m³	
				$\alpha=0.999$	$\alpha=0.99$					$\alpha=0.999$	$\alpha=0.99$
1	0.10	113.50	113.6	65.44	65.19	16	7.60	106.00	113.6	64.81	64.79
2	0.60	113.00	113.6	65.37	65.13	17	8.10	105.50	113.6	64.87	64.80
3	1.10	112.50	113.6	65.30	65.08	18	8.60	105.00	113.6	64.88	64.82
4	1.60	112.00	113.6	65.23	65.01	19	9.10	104.50	113.6	64.91	64.83
5	2.10	111.50	113.6	65.16	64.95	20	9.60	104.00	113.6	64.92	64.85
6	2.60	111.00	113.6	65.09	64.88	21	10.10	103.50	113.6	64.92	64.86
7	3.10	110.50	113.6	65.01	64.82	22	10.60	103.00	113.6	64.94	64.88
8	3.60	110.00	113.6	64.81	64.79	23	11.10	102.50	113.6	64.96	64.90
9	4.10	109.50	113.6	64.81	64.79	24	11.60	102.00	113.6	64.96	64.91
10	4.60	109.00	113.6	64.81	64.79	25	12.10	101.50	113.6	65.10	64.96
11	5.10	108.50	113.6	64.81	64.79	26	12.60	101.00	113.6	65.17	65.02
12	5.60	108.00	113.6	64.81	64.79	27	13.10	100.50	113.6	65.24	65.08
13	6.10	107.50	113.6	64.81	64.79	28	13.60	100.00	113.6	65.31	65.14
14	6.60	107.00	113.6	64.81	64.79	29	14.10	99.50	113.6	65.38	65.20
15	7.10	106.50	113.6	64.81	64.79						

为了进一步探究满足不增加水库群系统防洪损失条件风险价值的水库群防洪库容组合方案可行区间的边界条件，本小节新增了多组防洪库容组合方案的防洪损失 $CVaR_{HZ,\alpha}$ 值的计算，结果如图3.21（b）和图3.21（c）所示。图3.21（b）展示的是安康水库夏汛期防洪库容值从3.10亿 m³ 逐渐增加至3.60亿 m³ 时库群系统防洪损失 $CVaR_{HZ,\alpha}$ 值的变化趋势［对应图3.21（a）中的编号7和编号8］，且推求的结论是水库防洪库容组合方案可行区间的左边界在安康水库夏汛期防洪库容值为3.60亿 m³ 处取得。图3.21（c）展示的结果是丹江口水库夏汛期防洪库容值从106.00亿 m³ 逐渐减小至105.50亿 m³ 时库群系统防洪损失 $CVaR_{HZ,\alpha}$ 值的变化趋势［对应图3.21（a）中的编号16和编号17］，且推求的结论是水库群夏汛期防洪库容组合方案可行区间的右边界在丹江口水库防洪库容值为105.90亿 m³（相应的夏汛期汛限水位为160.50m）处取得。

结合情景3.1和情景3.2可初步推断两点结论如下：

（1）若以库群系统防洪库容现状设计方案下对应的防洪损失条件风险价值作为约束上限值，安康—丹江口水库群系统中安康水库夏汛期最小防洪库容值为3.60亿 m³、丹

江口水库夏汛期最小防洪库容值为 105.90 亿 m³，故水库群系统夏汛期总防洪库容的最小值应为 109.50 亿 m³。

（2）当安康—丹江口库群系统的夏汛期总防洪库容值固定为某一常数值时，满足防洪损失条件风险价值约束条件的库容组合方案可行区间的左、右边界分别由安康水库、丹江口水库的夏汛期最小防洪库容值确定。

需要强调的是，此处的左右边界是对应于以安康水库夏汛期防洪库容值从小到大变化，而丹江口水库夏汛期防洪库容值随之变动的方式对所列出的防洪库容组合方案进行排序编号的情景；若固定库群夏汛期总防洪库容值，以丹江口水库夏汛期防洪库容值由小到大变化对防洪库容组合方案进行排序编号，则可行区间左右边界分别由丹江口水库、安康水库夏汛期最小防洪库容值确定，结果与上述初步结论（2）呈左右对称，实质一样，只是结果表述不同。为了便于阐述分析和结论表达的统一性，后文中的结论均基于丹江口水库夏汛期防洪库容值被动变化情形。

此外，本章节研究中以水库群现状设计防洪库容方案对应的防洪损失条件风险价值为约束上限条件，仅可推求库群系统中各水库的最小防洪库容值，即防洪库容的下限值。基于情景 3.3 的计算结果，将库群系统总防洪库容值从 109.50 亿 m³（最小总防洪库容值）至 113.6 亿 m³（情景 3.3 中总防洪库容取值）变动还可发现，水库群系统中各水库防洪库容组合的可行区域可表征为如图 3.22 所示的三角形面积域，图中的点划线线即对应于图 3.21（a）中的可行区间。将该可行面积域与基于传统风险率方法的推求结果（参见文献［44］中推求的防洪库容组合可行区域呈扇形）对比，可验证防洪损失条件风险价值指标更为严格。

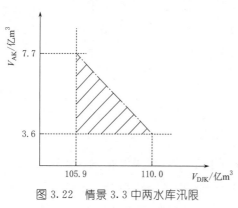

图 3.22　情景 3.3 中两水库汛限水位组合可行域结果

为了验证上述关于水库群防洪库容可行区间的初步结论，在情景 3.3 的基础上，将水库群系统的夏汛期总防洪库容值依次在 109.50 亿～150.50 亿 m³（该值的拟定是依据水库自身库容特征参数范围所能取到的防洪库容值）范围内逐步固定，然后类似情景 3.3 的研究思路生成多组防洪库容组合方案，分别推求库群系统的防洪损失条件风险价值。由于计算结果规律明显且不便于全部展示，故选取库群系统夏汛期总防洪库容值分别固定在 116.71 亿 m³ 和 121.71 亿 m³ 的两种情景结果开展分析讨论。

图 3.23 是固定库群系统夏汛期总防洪库容值为 116.71 亿 m³ 时的防洪损失条件风险价值计算结果，满足夏汛期现状库容组合方案防洪损失 $CVaR_{HZ,\alpha}$ 值约束条件的库容组合方案可行区间的左边界在安康水库夏汛期防洪库容值为 3.60 亿 m³ 处取得，

右边界在丹江口水库夏汛期防洪库容值为 105.90 亿 m³ 处取得（如图 3.23 所示安康水库夏汛期防洪库容值为 10.81 亿 m³ 处取得）。图 3.24 是固定库群系统夏汛期总防洪库容值为 121.71 亿 m³ 时的防洪损失条件风险价值计算结果，满足现状库容组合方案防洪损失 $CVaR_{HZ,a}$ 值约束条件的库容组合方案可行区间的左边界在安康水库夏汛期防洪库容值为 3.60 亿 m³ 处取得，而在库容组合的合理范围内不存在右边界。需要说明的是，当库群系统夏汛期总防洪库容值固定为 121.71 亿 m³ 时，即便安康水库夏汛期防洪库容值取到最大值 14.34 亿 m³，此时的丹江口水库夏汛期防洪库容值为 107.37 亿 m³，因此，本情景中丹江口水库夏汛期防洪库容值始终大于其允许的最小防洪库容值 105.90 亿 m³。

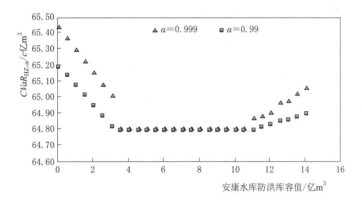

图 3.23 库群系统总防洪库容值固定为 116.71 亿 m³ 的防洪损失 $CVaR_{HZ,a}$ 计算结果

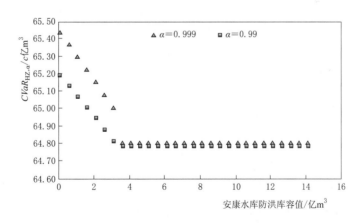

图 3.24 库群系统总防洪库容值固定为 121.71 亿 m³ 的防洪损失 $CVaR_{HZ,a}$ 计算结果

整合水库群系统夏汛期的总防洪库容值依次固定在 109.50 亿～150.50 亿 m³ 范围内并变动安康水库和丹江口水库的夏汛期防洪库容组合方案的所有情景结果，可得到如下结论：若以库群系统夏汛期现状设计防洪库容方案所对应的防洪损失条件风险价值为约束条件可推求，当安康—丹江口水库群系统的夏汛期总防洪库容在

109.50 亿～150.50 亿 m³ 取值时，库容系统中总是存在满足现状设计防洪库容方案防洪损失 $CVaR_{HZ,\alpha}$ 值约束条件的防洪库容组合方案可行区间，且该可行区间的左边界、右边界分别由安康水库、丹江口水库的夏汛期最小防洪库容值确定。当库群系统夏汛期总防洪库容值小于等于 120.34 亿 m³ 时，可行区间的左边界在安康水库夏汛期防洪库容值为 3.60 亿 m³ 处取得，右边界在丹江口水库夏汛期防洪库容值为 105.90 亿 m³ 处取得；当库群系统夏汛期总防洪库容值大于 120.34 亿 m³ 时，可行区间的左边界在安康水库夏汛期防洪库容值为 3.60 亿 m³ 处取得，而在防洪库容组合合理的取值范围内不存在右边界。

3.7 研究实例二——汉江流域五库系统

本小节将水库群防洪损失条件风险价值指标应用于汉江流域五库系统，探究该多库系统防洪库容可行区间的规律是否与 3.5 节安康—丹江口两库系统的结论一致。汉江流域五库系统共计有 5 个下游防洪控制点，分别为安康水库下游对应的安康市、潘口水库下游对应的竹山县、三里坪水库下游对应的谷城县城、鸭河口水库下游对应的南阳市，以及整个库群系统下游对应的皇庄站。类比于 3.5 节的研究方法，将汉江流域五库系统划分为 4 个子系统，为方便后续文字阐述分析，将安康水库及其下游防洪控制点安康市标号为子系统 1，潘口水库及下游防洪控制点竹山县标号为子系统 2，三里坪水库及其下游防洪控制点谷城县城标号为子系统 3，鸭河口水库及其下游防洪控制点南阳市标号为子系统 4。此外，库群系统是指由 5 个水库及流域防洪控制点皇庄站构成的大系统。本实例的研究思路分为两个方面：推求各子系统中单库的允许防洪库容可行区间；分析各水库对于整个库群系统防洪损失条件风险价值的影响，并推求水库群系统防洪库容可行区间。综合各单库下游防洪控制点和库群系统下游皇庄站的防洪标准，仍选取置信水平为 0.99 和 0.999 两种情形计算防洪损失条件风险价值指标。本小节同样仅以夏汛期为研究时段开展实例分析。

3.7.1 各子系统防洪库容可行区间结果

3.7.1.1 安康水库防洪库容区间结果（子系统 1）

由安康水库及其下游防洪控制点安康市构成的子系统 1 的防洪库容可行区间结果跟 3.5.1 节中结论相同，即仅考虑子系统 1 自身防洪损失条件风险价值的约束条件，安康水库允许的夏汛期防洪库容可行区间为 3.60 亿～14.34 亿 m³（相应夏汛期汛限水位可行区间为 305.00～325.00m），此处不再赘述。需要说明的是，安康水库夏汛期允许最大防洪库容值仅由水库自身库容特性决定，即将防洪高水位到死水位（305.00m）之间的全部库容用作防洪目标时的防洪库容取值；仅采用水库现状设计防洪库容值对应的防洪损失条件风险价值为约束条件仅可推求水库防洪库容最小值。针对其他 4 个水库的各自夏汛期允许的最大防洪库容值均有此含义，后续研究结论中不再重复强调。

3.7.1.2 潘口水库防洪库容区间结果（子系统 2）

根据式（3.6）可建立潘口水库及其下游防洪控制点竹山县子系统的防洪损失条件风险价值指标。选取决策变量潘口水库夏汛期汛限水位值 x_{PK} 从 330.00m 到 355.00m 以 0.50m 的增幅变化，随机变量入库洪水量级 θ_{PK} 根据已知的统计参数信息分别设置为相应于 0.01%、0.02%、0.05%、0.1%、0.2%、0.5%、1%、5%、10% 和 20% 共计 10 种设计频率下的设计洪水过程，典型年选取为 1975 年和 1980 年。根据 3.3 节中防洪损失评价指标 $CVaR_{\alpha}$ 值与水库汛限水位值及入库洪水量级关系的合理性分析，即当选取相同的来水设计频率（或置信水平 α）的条件下，防洪损失 $CVaR_{\alpha}$ 值随着汛限水位值的增加呈现单调不递减的关系；当汛限水位值相同时，随着来水量级越大，防洪损失 $CVaR_{\alpha}$ 值也越大。若以潘口水库夏汛期现状设计汛限水位（或夏汛期防洪库容值）方案所对应的防洪损失条件风险价值 $CVaR_{PK,\alpha}$ 为约束上限值（即 $CVaR_{PK,0.99}=4.37c$ 亿元，$CVaR_{PK,0.999}=5.72c$ 亿元），潘口水库允许的夏汛期汛限水位值不应超过现状设计方案的 347.60m（相应的防洪库容值为 4.00 亿 m³），因此，仅考虑子系统 2 自身防洪损失条件风险价值的约束条件，潘口水库允许的夏汛期防洪库容可行区间为 4.00 亿～11.21 亿 m³（相应夏汛期汛限水位可行区间为 330.00～347.60m）。

3.7.1.3 三里坪水库防洪库容区间结果（子系统 3）

根据式（3.6）可建立三里坪水库及其下游防洪控制点谷城县城子系统的防洪损失条件风险价值指标。选取决策变量三里坪水库夏汛期汛限水位值 x_{SLP} 从 392.00m 到 416.00m 的范围内以 0.50m 的增幅变化，随机变量入库洪水量级 θ_{SLP} 根据已知的统计参数信息分别设置为相应于 0.02%、0.05%、0.1%、0.2%、0.5%、1%、2%、10% 和 20% 共计 9 种设计频率下的设计洪水过程，典型年选取为 1960 年和 2003 年。同理根据 3.3 节中防洪损失评价指标 $CVaR_{\alpha}$ 值与水库汛限水位值及入库洪水量级关系的合理性分析，若以三里坪水库夏汛期现状设计汛限水位（防洪库容值）方案所对应的防洪损失条件风险价值 $CVaR_{SLP,\alpha}$ 为约束上限值（即 $CVaR_{SLP,0.99}=4.44c$ 亿元，$CVaR_{SLP,0.999}=6.07c$ 亿元），三里坪水库允许的夏汛期汛限水位值不应超过现状设计方案的 403.00m（相应的防洪库容值为 1.21 亿 m³），因此，仅考虑子系统 3 自身防洪损失条件风险价值的约束条件，三里坪水库允许的夏汛期防洪库容可行区间为 1.21 亿～2.08 亿 m³（相应夏汛期汛限水位可行区间为 392.00～403.00m）。

3.7.1.4 鸭河口水库防洪库容区间结果（子系统 4）

根据式（3.6）可建立鸭河口水库及其下游防洪控制点南阳市子系统的防洪损失

条件风险价值指标。选取决策变量鸭河口水库夏汛期汛限水位值 x_{YHK} 从 160.00m 到 177.00m 以 0.50m 的增幅变化，随机变量入库洪水量级 θ_{YHK} 根据已知的统计参数信息分别设置为相应于 0.01%、0.1% 和 1% 共计 3 种设计频率下的设计洪水过程，典型年选取为 1953 年和 1975 年。同理根据 3.3 节中防洪损失评价指标 $CVaR_\alpha$ 值与水库汛限水位值及入库洪水量级关系的合理性分析，若以鸭河口水库夏汛期现状设计汛限水位方案所对应的防洪损失条件风险价值 $CVaR_{YHK,\alpha}$ 为约束上限值（即 $CVaR_{YHK,0.99} = 2.97c$ 亿元，$CVaR_{YHK,0.999} = 4.45c$ 亿元），鸭河口水库允许的夏汛期汛限水位值不应超过现状设计方案的 175.70m（相应的防洪库容值为 2.95 亿 m^3），因此，仅考虑子系统 4 自身防洪损失条件风险价值的约束条件，鸭河口水库允许的夏汛期防洪库容可行区间为 2.95 亿～9.46 亿 m^3（相应夏汛期汛限水位可行区间为 160.00～175.70m）。

3.7.2　汉江流域库群系统总防洪库容可行区间结果

若以汉江流域五库系统下游防洪控制点皇庄站为研究对象，根据式（3.38）可构建整个汉江流域五库群系统的防洪损失条件风险价值指标。但考虑到库群系统中的 5 个水库之间的防洪库容值存在多种组合方案，本小节类比研究实例一中 3 个情景设置的思路，开展以下两个方面的研究内容。

（1）分别剖析每个水库对库群系统防洪损失条件风险价值的影响，寻求各水库防洪库容最小值，即仅变动单个水库的防洪库容方案。

（2）考虑到汉江流域五库系统中除丹江口水库以外的其他水库的防洪库容量级相似，采用给定水库与丹江口水库两两组合的形式，固定库群系统总防洪库容值，变动给定水库和丹江口水库的防洪库容组合方案。

为统一考虑且兼顾已有的 5 个水库的统计参数资料，随机变量入库洪水量级 θ 同样选取为分别相应于 0.01%、0.1% 和 1% 共计 3 种设计频率下的设计洪水过程，水库群系统设计洪水的典型年选取为 1975 年、1978 年、1980 年、1981 年、1983 年、1989 年和 2010 年。

3.7.2.1　水库群现状设计防洪库容方案的防洪损失条件风险价值

汉江流域五库系统中各单库夏汛期的防洪库容现状设计方案及其相应的夏汛期汛限水位值见表 3.9，则汉江流域五库系统在防洪库容现状设计方案下的防洪损失条件风险价值可根据式（3.38）进行计算。当置信水平选取为 $\alpha = 0.99$ 时，$CVaR_{HZ,0.99} = 64.20c$ 亿元；当置信水平选取为 $\alpha = 0.999$ 时，$CVaR_{HZ,0.999} = 64.43c$ 亿元，而且这两个指标值可作为后续所有方案讨论时防洪损失条件风险价值的约束上限值，即变动水库群防洪库容组合方案所对应的防洪损失 $CVaR_{HZ,\alpha}$ 不能超过现状设计防洪库容组合方案所对应的条件风险价值。

表 3.9　　　　　　汉江流域五个水库夏汛期防洪库容特征参数值汇总表

水库名称	现状防洪库容设计值/亿 m³	汛限水位值/m	水库名称	现状防洪库容设计值/亿 m³	汛限水位值/m
安康水库	3.60	325.00	三里坪水库	1.21	403.00
潘口水库	4.00	347.60	鸭河口水库	2.95	175.70
丹江口水库	110.00	160.00			

3.7.2.2　仅变动安康水库防洪库容值方案

本方案为仅变动安康水库夏汛期防洪库容值，固定其他 4 个水库夏汛期防洪库容值为相应的现状设计方案，且安康水库夏汛期防洪库容值在 0.10 亿～14.10 亿 m³ 的范围内变动，以此分析安康水库的防洪库容值对汉江流域五库群系统的防洪损失条件风险价值 $CVaR_{HZ,\alpha}$ 的影响。需要说明的是，区别于 3.7.1.1 节中以防洪控制点安康市为研究对象建立的安康水库子系统的防洪损失指标仅考虑安康水库对其下游安康市的防洪损失条件风险价值的贡献，本小节中侧重考虑安康水库防洪库容值对整个汉江流域五库系统的防洪损失 $CVaR_{HZ,\alpha}$ 的贡献。

图 3.25 为仅变动安康水库夏汛期防洪库容值方案的防洪损失条件风险价值计算结果。当安康水库防洪库容值在 0.10 亿～3.60 亿 m³ 的范围内变动时，汉江流域五库系统的防洪损失 $CVaR_{HZ,\alpha}$ 值呈逐渐减小的趋势；而该值在安康水库防洪库容值在 3.60 亿～14.10 亿 m³ 的范围内趋于一个稳定值。根据计算结果，安康水库防洪库容值为 3.60 亿 m³ 时所对应的防洪损失 $CVaR_{HZ,\alpha}$ 值恰好等于库群系统现状设计防洪库容方案所推求的防洪损失条件风险价值。若以不超过现状设计防洪库容方案所对应的防洪损失条件风险价值指标为约束条件，则在汉江流域五库系统中安康水库夏汛期最小防洪库容值应为 3.60 亿 m³。

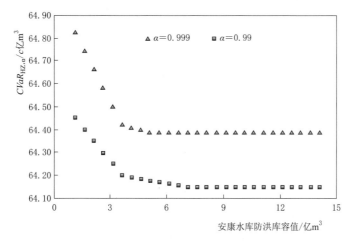

图 3.25　仅变动安康水库防洪库容值方案的结果（五库系统）

3.7.2.3 仅变动潘口水库防洪库容值方案

本方案为仅变动潘口水库夏汛期防洪库容值，固定其他 4 个水库夏汛期防洪库容值为现状设计方案，且潘口水库夏汛期防洪库容值在 0.50 亿~11.00 亿 m^3 的范围内变动，以此分析潘口水库的防洪库容值对汉江流域五库群系统的防洪损失条件风险价值 $CVaR_{HZ,\alpha}$ 的影响。

图 3.26 为仅变动潘口水库夏汛期防洪库容值方案的防洪损失条件风险价值计算结果：当潘口水库防洪库容值由 0.50 亿 m^3 至 4.00 亿 m^3 的范围内变动时，汉江流域五库系统的防洪损失 $CVaR_{HZ,\alpha}$ 值呈逐渐减小的趋势；但该值在潘口水库防洪库容值在 4.00 亿~11.00 亿 m^3 的范围内趋于一个稳定值，且该稳定值恰好等于库群系统现状设计防洪库容方案所推求的防洪损失条件风险价值。若以不超过现状设计防洪库容方案所对应的防洪损失条件风险价值指标为约束条件，则在汉江流域五库系统中潘口水库夏汛期的允许最小防洪库容值应为 4.00 亿 m^3。

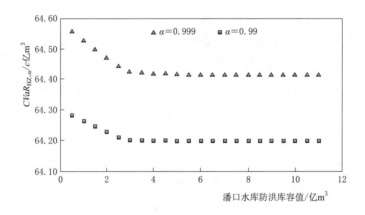

图 3.26　仅变动潘口水库防洪库容值方案的结果（五库系统）

3.7.2.4 仅变动丹江口水库防洪库容值方案

本方案为仅变动丹江口水库夏汛期防洪库容值，固定其他 4 个水库夏汛期防洪库容值为现状设计方案，且丹江口水库夏汛期防洪库容值在 20.00 亿~140.00 亿 m^3 的范围内变动，从而分析丹江口水库的防洪库容值对汉江流域五库群系统的防洪损失条件风险价值 $CVaR_{HZ,\alpha}$ 的影响。图 3.27 为仅变动丹江口水库夏汛期防洪库容值方案的防洪损失条件风险价值计算结果：当丹江口水库防洪库容值在 20.00 亿~110.00 亿 m^3 的范围内变动时，汉江流域五库系统的防洪损失 $CVaR_{HZ,\alpha}$ 值呈逐渐减小的趋势；但该值在丹江口水库防洪库容值在 110.00 亿~140.00 亿 m^3 的范围内趋于一个稳定值，且该稳定值恰好等于库群系统现状设计防洪库容方案所推求的防洪损失条件风险价值。为确保库群系统的防洪损失 $CVaR_{HZ,\alpha}$ 值不增加，丹江口水库夏汛期允许最小防洪库容为 110.00 亿 m^3。

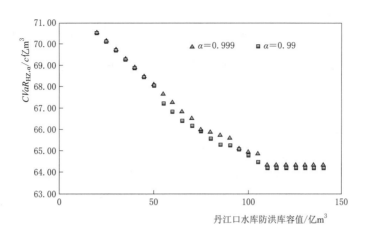

图 3.27 仅变动丹江口水库防洪库容值方案的结果（五库系统）

3.7.2.5 仅变动三里坪水库防洪库容值方案

本方案为仅变动三里坪水库夏汛期防洪库容值，固定其他 4 个水库夏汛期防洪库容值为现状设计方案，且三里坪水库夏汛期防洪库容值在 0.41 亿～2.01 亿 m³ 的范围内变动，从而分析三里坪水库防洪库容值对汉江流域五库群系统的防洪损失条件风险价值 $CVaR_{HZ,\alpha}$ 的影响。

图 3.28 为仅变动三里坪水库夏汛期防洪库容方案的防洪损失条件风险价值计算结果：当三里坪水库防洪库容值在 0.41 亿～1.21 亿 m³ 的范围内变动时，汉江流域五库系统的防洪损失 $CVaR_{HZ,\alpha}$ 值呈逐渐减小的趋势；而该指标在三里坪水库防洪库容值在 1.21 亿～2.01 亿 m³ 的范围内趋于一个稳定值，且该稳定值恰好等于库群系统现状设计防洪库容方案所对应的防洪损失条件风险价值。为确保库群系统的防洪损失 $CVaR_{HZ,\alpha}$ 值不增加，三里坪水库夏汛期允许最小防洪库容为 1.21 亿 m³。

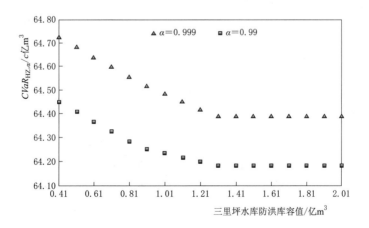

图 3.28 仅变动三里坪水库防洪库容值方案的结果（五库系统）

3.7.2.6 仅变动鸭河口水库防洪库容值方案

本方案为仅变动鸭河口水库夏汛期防洪库容值，固定其他 4 个水库夏汛期防洪库容值为现状设计方案，且鸭河口水库夏汛期防洪库容值在 1.95 亿～7.45 亿 m^3 的范围内变动，以此分析鸭河口水库防洪库容值对汉江流域五库群系统的防洪损失条件风险价值 $CVaR_{HZ,\alpha}$ 的影响。

图 3.29 为仅变动鸭河口水库夏汛期防洪库容值方案的防洪损失条件风险价值计算结果。当鸭河口水库防洪库容值从 1.95 亿～2.95 亿 m^3 的范围内变动时，汉江流域五库系统的防洪损失 $CVaR_{HZ,\alpha}$ 值呈逐渐减小的趋势；但该指标在鸭河口水库防洪库容值在 2.95 亿～7.45 亿 m^3 的范围内趋于一个稳定值，且该稳定值恰好等于库群系统现状设计防洪库容方案所对应的防洪损失条件风险价值。为确保库群系统的防洪损失 $CVaR_{HZ,\alpha}$ 值不增加，鸭河口水库夏汛期允许最小防洪库容为 2.95 亿 m^3。

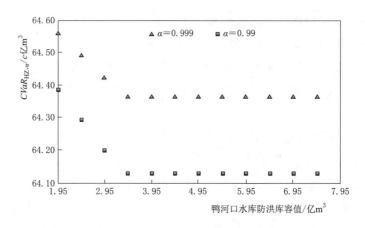

图 3.29　仅变动鸭河口水库防洪库容值方案的结果（五库系统）

3.7.2.7 固定库群系统总防洪库容方案

本节采用的研究方案为固定水库群系统总防洪库容为某一个常数值，但考虑到汉江流域五库系统中丹江口水库的防洪库容量级与其他水库的差别较大，故通过将丹江口水库与其他单库以两两组合的形式，探究水库间防洪库容组合的规律。具体而言，分别采用以下 4 组方案。

（1）仅变动安康水库和丹江口水库夏汛期防洪库容组合方案。

（2）仅变动潘口水库和丹江口水库夏汛期防洪库容组合方案。

（3）仅变动三里坪水库和丹江口水库夏汛期防洪库容组合方案。

（4）仅变动鸭河口水库和丹江口水库夏汛期防洪库容组合方案。

图 3.30 为汉江流域五库系统的总防洪库容固定为现状设计方案时的计算结果，当丹江口水库与其他单库两两组合变动防洪库容方案时，有且仅当两水库防洪库容值均取为最小防洪库容值（现状设计方案）时，库群系统的防洪损失条件风险价值才满

足约束条件。但通过进一步扩展研究，将水库群系统总防洪库容依次在 121.76 亿 m³ 到由各水库自身的库容特性决定的防洪库容最大值的范围内取值时（需要说明的是，总防洪库容最小值依据各水库在库群层面允许的夏汛期最小防洪库容值决定），满足防洪损失条件风险价值约束的防洪库容组合方案存在多组解（可行区间）。由于本小节中水库两两组合变动方案结论与研究实例一的研究结果基本类似，故不再详细展示计算结果。因此，本节的初步结论为：水库两两组合方案中，当库群系统的总防洪库容值固定为某一常数值时，满足防洪损失条件风险价值约束条件的库容组合方案的可行区间的左右边界分别由两个水库夏汛期的最小防洪库容值确定。

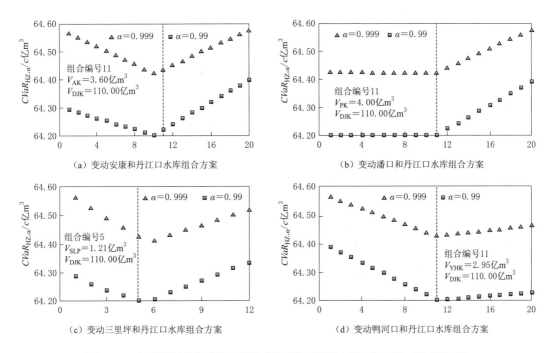

图 3.30　水库群总防洪库容固定为现状设计方案时的计算结果（五库系统）

3.7.3　拓展讨论

结合 3.5.2 节研究实例一和 3.6.2 节研究实例二的水库群系统中推求的丹江口水库夏汛期允许的最小防洪库容值的研究结果对比可知：

安康—丹江口两库系统中，若以不超过现状设计防洪库容方案（安康水库夏汛期防洪库容为 3.60 亿 m³，对应夏汛期汛限水位 325.00m；丹江口水库夏汛期防洪库容为 110.00 亿 m³，对应夏汛期汛限水位 160.00m）所对应的防洪损失条件风险价值指标为约束条件（$CVaR_{HZ,0.99} = 64.79c$ 亿元、$CVaR_{HZ,0.999} = 64.81c$ 亿元），则在安康—丹江口水库群系统中丹江口水库夏汛期允许最小的防洪库容值为 105.90 亿 m³。而在汉江流域五库群系统中，若以不超过五库群系统现状设计防洪库容方案（安康水库、潘口水库、丹江口水库、三里坪水库和鸭河口水库夏汛期防洪库容分别为 3.60 亿 m^3、4.00 亿 m^3、110.00 亿 m^3、1.21 亿 m^3 和 2.95 亿 m^3）所对应的防洪损失条件风险价值指标为约束条件（$CVaR_{HZ,0.99}=64.20c$ 亿元、$CVaR_{HZ,0.999}=64.43c$ 亿元），则在汉江流域五库系统中丹江口水库夏汛期允许最小防洪库容值为 110.00 亿 m^3。相比于安康—丹江口两库系统，一方面在相同的置信水平下，汉江流域五库群系统所推求的现状设计方案对应的防洪损失条件风险价值更小，说明考虑潘口、三里坪、鸭河口水库的防洪调节作用以后，库群系统潜在的防洪损失更小；另一方面，汉江流域五库群系统的防洪损失条件风险价值的约束条件更为严格，上限值更小。

若以安康—丹江口两库系统中的现状设计防洪库容方案对应的防洪损失条件风险价值作为约束条件推求汉江流域五库群系统中丹江口水库夏汛期允许最小防洪库容值，可得如下结果（表 3.10）：当置信水平选取为 $\alpha=0.99$ 时，汉江流域五库群系统中丹江口水库夏汛期允许最小防洪库容值为 101.90 亿 m^3；当置信水平选取为 $\alpha=0.999$ 时，汉江流域五库群系统中丹江口水库夏汛期允许最小防洪库容值为 105.70 亿 m^3。即若选取相同防洪损失条件风险价值约束条件，汉江流域五库群系统中丹江口水库由于考虑了更多水库（潘口、三里坪、鸭河口水库）的防洪协调作用，其允许的最小防洪库容值比安康—丹江口两库系统更小，即丹江口水库自身防洪库容可调节的灵活空间更大。但从防洪约束条件的严格性角度而言，考虑汉江流域五库系统现状设计防洪库容方案对应的防洪损失条件风险价值的计算结果比安康—丹江口两库系统更小、约束更为严苛，但推求的丹江口水库夏汛期允许最小防洪库容值更偏安全和保守。

表 3.10　汉江流域五库系统中仅变动丹江口水库防洪库容值方案的部分计算结果

丹江口水库防洪库容/亿 m^3	$CVaR_{HZ,0.999}/c$ 亿 m^3		丹江口水库防洪库容/亿 m^3	$CVaR_{HZ,0.99}/c$ 亿 m^3	
	计算值	约束值		计算值	约束值
105.50	64.85		101.70	64.83	
105.60	64.83		101.80	64.80	
105.70	64.81	64.81	101.90	64.78	64.79
105.80	64.79		102.00	64.76	
105.90	64.77		102.10	64.74	
106.00	64.76		102.20	64.72	

3.8　本章小结

本章节针对水库群防洪库容联合设计开展研究。首先，基于经济学条件风险价值理论建立单库系统各年防洪损失条件风险价值评价指标 $CVaR_\alpha$，并推导 n 年水库防洪损失条件风险价值 $CVaR_\alpha^n$ 的计算通用公式，且该公式不局限于水文径流一致性假设是否成立。然后，为了验证所提出的防洪损失条件风险价值指标的适用性，以适应变化环境的水库汛限水位优化设计研究为例，将传统的洪水风险率指标作为对比方案。最后，建立水库群防洪损失条件风险价值指标，并分别以安康—丹江口两库系统、汉江流域五库系统为例开展水库群防洪库容联合设计的实例研究，推求水库群系统防洪库容组合的可行区间。研究结论如下：

（1）基于条件风险价值构建的防洪损失评价指标 $CVaR_\alpha$ 既可以反映水库系统潜在的防洪损失值，又可以通过置信水平 α 反映风险率。而且，通过开展适应变化环境下水库汛限水位优化设计研究并与传统洪水风险率指标进行方案对比可发现，所提出的防洪损失条件风险价值指标比传统洪水风险率的约束更为严格。

（2）将防洪损失条件风险价值评价指标由单库拓展到复杂水库群系统。以流域水库群系统中各防洪控制点及其上游单库构成的子系统为研究对象，由于各子系统的防洪损失条件风险价值指标与水库汛限水位值存在单调不递减关系，因此，推求各子系统中水库的允许最小防洪库容值均等于现状设计方案下的防洪库容值。

针对安康—丹江口两库系统（研究案例一），若以安康水库夏汛期现状设计汛限水位对应的防洪损失条件风险价值为约束上限，在安康水库及其下游安康市构成的子系统中，安康水库夏汛期的最小防洪库容值为 3.60 亿 m³（相应夏汛期汛限水位为 325.00m）；针对汉江流域五库系统（研究案例二），若以各子系统中水库夏汛期现状设计防洪库容值所对应的防洪损失条件风险价值为约束上限，在安康、潘口、三里坪、鸭河口水库及其各自的下游防洪控制点构成的子系统中，各水库夏汛期的最小防洪库容值依次为 3.60 亿 m³、4.00 亿 m³、1.21 亿 m³ 和 2.95 亿 m³（相应各水库夏汛期汛限水位依次为 325.00m、347.60m、403.00m 和 175.70m）。由于皇庄站为整个水库群系统的下游防洪控制点，故丹江口水库夏汛期的最小防洪库容值应当从整个流域水库群系统的角度考量。

（3）以库群系统现状设计防洪库容方案所计算的库群防洪损失条件风险价值为上限约束条件（即不降低流域水库群系统防洪标准的前提下），可推求水库群系统防洪库容组合的可行区间以及在库群系统层面各水库的最小防洪库容值。而且，当库群系统的总防洪库容值固定时，若各水库防洪库容组合方案不同，所计算的库群系统防洪损失条件风险价值也不一定相等。

1）针对安康—丹江口两库系统（研究案例一），若以库群系统夏汛期现状设计防洪库容方案所对应的防洪损失条件风险价值为约束上限，可推求库群系统层面安康水库夏汛期的最小防洪库容值为 3.60 亿 m³，丹江口水库夏汛期的最小防洪库容值为 105.90 亿 m³（相应的夏汛期汛限水位为 160.50m），因此安康—丹江口两库系统的夏汛期总防洪库容允许的最小值为 109.50 亿 m³。此外，当库群系统夏汛期总防洪库容值固定为某一常数时，满足夏汛期现状库容组合方案防洪损失 $CVaR_{HZ,\alpha}$ 值约束条件的防洪库容组合方案的解并不唯一，而是存在一个防洪库容组合方案的可行区间，且该可行区间的左、右边界分别由安康水库、丹江口水库夏汛期的允许最小防洪库容值确定。

2）针对汉江流域五库系统（研究案例二），若以库群系统夏汛期现状设计防洪库容方案所对应的防洪损失条件风险价值为约束上限，可推求库群系统层面安康、潘口、丹江口、三里坪和鸭河口水库夏汛期的最小防洪库容值分别为 3.60 亿 m^3、4.00 亿 m^3、110.00 亿 m^3、1.21 亿 m^3 和 2.95 亿 m^3，因此汉江流域五库系统夏汛期最小总防洪库容值为 121.76 亿 m^3。依据研究实例的计算结果还可发现，若水库群系统夏汛期总防洪库容值固定为某个常数值时，各水库防洪库容组合方案可能存在多组解（可行区间），该结果的不唯一性可为开展下一章水库群防洪库容分配规则研究提供探索空间。

（4）通过对比研究案例一和研究案例二的计算结果可知：

1）安康—丹江口两库系统中，夏汛期现状设计防洪库容方案对应的防洪损失条件风险价值为 $CVaR_{HZ,0.99} = 64.79c$ 亿元和 $CVaR_{HZ,0.999} = 64.81c$ 亿元；而汉江流域五库群系统中，夏汛期现状设计防洪库容方案对应的防洪损失条件风险价值为 $CVaR_{HZ,0.99} = 64.20c$ 亿元、$CVaR_{HZ,0.999} = 64.43c$ 亿元。因此，从防洪约束条件的严格性角度而言，考虑汉江流域五库群系统计算的现状设计防洪库容方案对应的防洪损失条件风险价值比安康—丹江口两库系统中的计算值更小更为严苛，但推求的丹江口水库夏汛期允许最小防洪库容值更偏安全和保守。

2）若选取安康—丹江口两库系统中夏汛期现状设计防洪库容方案对应的防洪损失条件风险价值作为约束上限值，推求汉江流域五库系统中丹江口水库夏汛期允许最小防洪库容值：当置信水平选取为 $\alpha = 0.99$ 时，汉江流域五库系统中丹江口水库夏汛期允许最小防洪库容值为 101.90 亿 m^3；当置信水平选取为 $\alpha = 0.999$ 时，汉江流域五库群系统中丹江口水库夏汛期允许最小防洪库容值为 105.70 亿 m^3。即若选取相同的防洪损失条件风险价值计算结果作为约束条件，汉江流域五库系统中由于考虑了更多水库（潘口、三里坪、鸭河口水库）的防洪协调作用，故丹江口水库允许的夏汛期最小防洪库容值比安康—丹江口两库系统更小（允许的夏汛期最高汛限水位值更大），即丹江口水库自身防洪库容可调节的灵活空间更大。

参考文献

［1］ Afzali R，Mousavi S J，Ghaheri A. Reliability - based simulation - optimization model for multireservoir hydropower systems operations：Khersan experience［J］. Journal of Water Resources Planning and Management，2008，134（1）：24 - 33.

［2］ Artzner P，Delbaen F，Eber J M. Coherent measures of risk［J］. Mathematical Finance，1999，9（3）：203 - 228.

［3］ Condon L E，Gangopadhyay S，Pruitt T. Climate change and non - stationary flood risk for the upper Truckee River basin [J]. Hydrology and Earth System Sciences, 2015, 19 (1): 159 - 175.

[4] Douglas E M, Vogel R M, Kroll C N. Trends in floods and low flows in the United States: impact of spatial correlation [J]. Journal of Hydrology, 2000, 240 (1 - 2): 90 - 105.

[5] Du T, Xiong L, Xu C, et al. Return period and risk analysis of nonstationary low - flow series under climate change [J]. Journal of Hydrology, 2015, 527: 234 - 250.

[6] Feng M, Liu P, Guo S, et al. Deriving adaptive operating rules of hydropower reservoirs using time - varying parameters generated by the EnKF [J]. Water Resources Research, 2017, 53 (8): 6885 - 6907.

[7] Feng M, Liu P, Guo S, et al. Identifying changing patterns of reservoir operating rules under various inflow alteration scenarios [J]. Advances in Water Resources, 2017, 104: 23 - 36.

[8] Ficklin D L, Letsinger S L, Stewart I T, et al. Assessing differences in snowmelt - dependent hydrologic projections using CMIP3 and CMIP5 climate forcing data for the western United States [J]. Hydrology Research, 2016, 47 (2): 483 - 500.

[9] Fortin V, Perreault L, Salas J D. Retrospective analysis and forecasting of streamflows using a shifting level model [J]. Journal of Hydrology, 2004, 296 (1 - 4): 135 - 163.

[10] Greenwood J A, Landwehr J M, Matalas N C. Probability weighted moments: Definition and relation to parameters of several distributions expressable in inverse form [J]. Water Resources Research, 1979, 15 (5): 1049 - 1054.

[11] Gumbel E J. The return period of order statistics [J]. Annals of the Institute of Statistical Mathematics, 1961, 12 (3): 249 - 256.

[12] Howlett P, Piantadosi J. A note on conditional value at risk (CVaR) [J]. Optimization, 2007, 56 (5 - 6): 629 - 632.

[13] Jiang C, Xiong L, Guo S, et al. A process - based insight into nonstationarity of the probability distribution of annual runoff [J]. Water Resources Research, 2017, 53 (5): 4214 - 4235.

[14] Kirshen P, Caputo L, Vogel R M, et al. Adapting urban infrastructure to climate change: A drainage case study [J]. Journal of Water Resources Planning and Management, 2015, 141 (4): 4014064.

[15] Leadbetter M R. Extremes and local dependence in stationary sequences [J]. Probability Theory and Related Fields, 1983, 65 (2): 291 - 306.

[16] Li X, Guo S, Liu P, et al. Dynamic control of flood limited water level for reservoir operation by considering inflow uncertainty [J]. Journal of Hydrology, 2010, 391 (1 - 2): 124 - 132.

[17] Li Z, Huang G, Fan Y, et al. Hydrologic risk analysis for nonstationary streamflow records under uncertainty [J]. Journal of Environmental Informatics, 2015, 26 (1): 41 - 51.

[18] Lima C H R, Lall U, Troy T J, et al. A climate informed model for nonstationary flood risk prediction: Application to Negro River at Manaus, Amazonia [J]. Journal of Hydrology, 2015, 522: 594 - 602.

[19] Lin K, Lian Y, Chen X, et al. Changes in runoff and eco - flow in the Dongjiang River of the Pearl River Basin, China [J]. Frontiers of Earth Science, 2014, 8 (4): 547 - 557.

[20] Mateus M C, Tullos D. Reliability, sensitivity, and vulnerability of reservoir operations under climate change [J]. Journal of Water Resources Planning and Management, 2017, 143 (4): 4016085.

[21] Mays L W, Tung Y. Hydrosystems engineering and management [M]. New York: McGraw - Hill College, 1991.

[22] Milly P C D, Betancourt J, Falkenmark M, et al. Climate change: Stationarity is dead: Whither water management? [J]. Science, 2008, 319 (5863): 573.

[23] Obeysekera J, Irizarry M, Park J, et al. Climate change and its implications for water resources

management in south Florida [J]. Stochastic Environmental Research and Risk Assessment，2011，25 （4）：495-516.

[24] Olsen J R，Lambert J H，Haimes Y Y. Risk of extreme events under nonstationary conditions [J]. Risk Analysis，1998，18 （4）：497-510.

[25] Piantadosi J，Metcalfe A V，Howlett P G. Stochastic dynamic programming （SDP） with a conditional value-at-risk （CVaR） criterion for management of storm-water [J]. Journal of Hydrology，2008，348 （3-4）：320-329.

[26] Read L K，Vogel R M. Reliability，return periods，and risk under nonstationarity [J]. Water Resources Research，2015，51 （8）：6381-6398.

[27] Rockafellar R T，Royset J O，Miranda S I. Superquantile regression with applications to buffered reliability，uncertainty quantification，and conditional value-at-risk [J]. European Journal of Operational Research，2014，234 （1）：140-154.

[28] Rockafellar R T，Uryasev S. Conditional value-at-risk for general loss distributions [J]. Journal of Banking & Finance，2002，26 （7）：1443-1471.

[29] Rootzén H，Katz R W. Design Life Level：Quantifying risk in a changing climate [J]. Water Resources Research，2013，49 （9）：5964-5972.

[30] Salas J D，Obeysekera J. Revisiting the concepts of return period and risk for nonstationary hydrologic extreme events [J]. Journal of Hydrologic Engineering，2014，19 （3）：554-568.

[31] Shao L，Qin X，Xu Y. A conditional value-at-risk based inexact water allocation model [J]. Water Resources Management，2011，25 （9）：2125-2145.

[32] Soltani M，Kerachian R，Nikoo M R，et al. A conditional value at risk-based model for planning agricultural water and return flow allocation in river systems [J]. Water Resources Management，2016，30 （1）：427-443.

[33] Volpi E，Fiori A，Grimaldi S，et al. One hundred years of return period：Strengths and limitations [J]. Water Resources Research，2015，51 （10）：8570-8585.

[34] Webby R B，Adamson P T，Boland J，et al. The Mekong—applications of value at risk （VaR） and conditional value at risk （CVaR） simulation to the benefits，costs and consequences of water resources development in a large river basin [J]. Ecological Modelling，2007，201 （1）：89-96.

[35] Webby R B，Boland J，Howlett P G，et al. Conditional value-at-risk for water management in Lake Burley Griffin [J]. Anziam Journal，2006，47：C116-C136.

[36] Xie A L，Liu P，Guo S L，et al. Optimal design of seasonal flood limited water levels by jointing operation of the reservoir and floodplains [J]. Water Resources Management，2018，32 （1）：179-193.

[37] Xu W，Zhao J，Zhao T，et al. Adaptive reservoir operation model incorporating nonstationary inflow prediction [J]. Journal of Water Resources Planning and Management，2015，141 （8）：4014099.

[38] Yamout G M，Hatfield K，Romeijn H E. Comparison of new conditional value-at-risk-based management models for optimal allocation of uncertain water supplies [J]. Water Resources Research，2007，43 （7）：W7430.

[39] Yan L，Xiong L，Liu D，et al. Frequency analysis of nonstationary annual maximum flood series using the time-varying two-component mixture distributions [J]. Hydrological Processes，2017，31 （1）：69-89.

[40] Yang P，Ng T L. Fuzzy inference system for robust rule-based reservoir operation under nonstationary inflows [J]. Journal of Water Resources Planning and Management，2017，143 （4）：4016084.

[41] Zhang Q，Xu C，Becker S，et al. Sediment and runoff changes in the Yangtze River basin during past 50 years [J]. Journal of Hydrology，2006，331 （3-4）：511-523.

[42] Zhang X，Liu P，Wang H，et al. Adaptive reservoir flood limited water level for changing environment [J]. Environmental Earth Sciences，2017，76 (21)：743.

[43] 陈桂亚. 长江流域水库群联合调度关键技术研究 [J]. 中国水利，2017 (14)：11 - 13.

[44] 陈炯宏，郭生练，刘攀，等. 梯级水库汛限水位联合运用和动态控制研究 [J]. 水力发电学报，2012，31 (6)：55 - 61.

[45] 丁伟，周惠成. 水库汛限水位动态控制研究进展与发展趋势 [J]. 中国防汛抗旱，2018，28 (6)：6 - 10.

[46] 郭生练，陈炯宏，刘攀，等. 水库群联合优化调度研究进展与展望 [J]. 水科学进展，2010，21 (4)：496 - 503.

[47] 郭生练，李响，刘心愿，等. 三峡水库汛限水位动态控制关键技术研究 [M]. 北京：中国水利水电出版社，2011.

[48] 郭生练，刘章君，熊立华. 设计洪水计算方法研究进展与评价 [J]. 水利学报，2016，47 (3)：302 - 314.

[49] 惠六一. 水库群防洪调度防洪库容优化分配模型研究与应用 [D]. 武汉：华中科技大学，2017.

[50] 李玮，郭生练，刘攀，等. 梯级水库汛限水位动态控制模型研究及运用 [J]. 水力发电学报，2008，27 (2)：22 - 28.

[51] 申敏，延耀兴. 漳泽水库库群防洪实时优化调度模型研究 [J]. 科技情报开发与经济，2003，13 (4)：111 - 113.

[52] 王本德，周惠成，李敏. 水库汛限水位动态控制理论与方法及其应用 [M]. 北京：中国水利水电出版社，2006.

[53] 王浩，王旭，雷晓辉，等. 梯级水库群联合调度关键技术发展历程与展望 [J]. 水利学报，2019，50 (1)：25 - 37.

[54] 张丽娟，许海军，方文莉，等. 水库汛限水位动态控制综合信息模糊推理模式法及其应用 [J]. 东北水利水电，2005，23 (254)：34 - 35.

第 4 章

基于库容分配比例系数的水库群
防洪库容分配规则推导

4.1 引言

水库群防洪库容分配规则研究是从流域水库群系统的整体角度出发，以复杂系统的防洪效益、兴利效益或者综合效益的最大化为目标函数，推求库群系统中各水库防洪库容的优化分配方案。目前，水库群防洪库容分配规则的研究方法主要可分为数值模拟优化方法和解析式方法。随着各类优化算法的技术发展，数值模拟优化方法在水文学领域得到迅速发展，基本思想为明确目标函数、决策变量，以此建立系统优化调度模型，然后选取适宜的优化算法求解最优决策；其求解类似黑箱模型，水文机理层面剖析较少。因此，基于解析式方法推求水库群联合调度策略仍是值得探索的。解析式方法即基于理论分析数学推导而提炼库容分配规则，其基本思想是构建一个指标用于判别库群系统中各水库的蓄放水次序（库容变化过程）；但已有研究存在指导各水库蓄放水次序单一性问题，即通常是一个水库蓄（放）水过程结束之后，另一个水库再执行蓄（放）水的决策，未能考虑各水库同步蓄放水的情形。

本章节针对水库群防洪库容分配规则开展如下研究：

（1）基于发电调度理论分析，推导出一个能量方程（E 方程）描述单库系统的发电量。

（2）将能量方程（E 方程）由单库系统拓展到水库群系统，且 E 方程的含义为表征水库群系统总发电量同库群系统总库容变化量、水库间库容分配比例系数之间关系的理论表达式，并解析推导出可用于指导库容分配的比例系数判别式（本章节以两库系统为例）。

（3）将所推导的基于库容分配比例系数的防洪库容分配规则应用到汉江流域水库群系统开展实例研究，并与基于常规调度的数值模拟方法的计算结果进行对比，验证采用 E 方程表征水库群系统总发电量的计算准确度以及依据比例系数判别式直接指导库容分配策略的合理性。

本章节的技术路线图如图 4.1 所示。

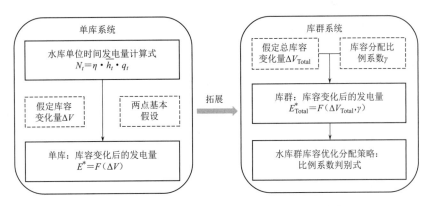

图 4.1　水库群防洪库容分配规则研究技术路线图

4.2　假设条件

在 E 方程的推导过程中，有如下两个基本假定。

（1）假定时间间隔 T 内水库水位变化可以忽略不计。当研究时段 T 较小时，水库水位变化较小，可适当忽略不计；当研究时段 T 为整个汛期调度期时，水库的起调和汛期末水位理论上均为汛限水位，故整个汛期调度期 T 水库水位变化可视为零。

（2）库容曲线中水库水位和水库库容之间的关系可用幂函数来拟合，并用进行表征为

$$Z=H(S)=aS^b \quad (a>0,0<b<1) \tag{4.1}$$

式中　　Z——水库水位；

S——水库库容；

a，b——幂函数的参数；

$H(\cdot)$——库容曲线的拟合方程。

4.3　单库系统的 E 方程推导

4.3.1　不考虑弃水的情况

在不考虑最大出力限制的情况下，水库的发电流量等于水库出库流量，则水库单位时间内的发电量可表达为

$$N_t=\eta \cdot \overline{h_t} \cdot q_t \tag{4.2}$$

$$\overline{h_t} = \frac{1}{2}[H(S_t) + H(S_t + Q_t - q_t)] - h_{\mathrm{w}}(q_t) - h_{\mathrm{s}}(q_t) \qquad (4.3)$$

式中　　　　　η——综合出力系数

　　　　　　　$\overline{h_t}$——水库在时段 t 内的平均水头；

　　　　　　　S_t——时段 t 初始时刻的水库库容；

　　　　　　　Q_t——水库在时段 t 的入库流量；

　　　　　　　q_t——水库在时段 t 的出库流量；

$h_{\mathrm{w}}(\cdot)$，$h_{\mathrm{s}}(\cdot)$——水库的尾水位和发电水头损失。

　　设水库库容的增量是 ΔS_t，增加后新的水库库容值 S_t^*，则 $S_t^* = S_t + \Delta S_t$。因此，库容变化后的水库在单位时间内的发电量 N_t^* 可表达为

$$N_t^* = \eta \cdot q_t \cdot \left\{ \frac{1}{2}[H(S_t^*) + H(S_t^* + Q_t - q_t)] - h_{\mathrm{w}}(q_t) - h_{\mathrm{s}}(q_t) \right\} \quad (4.4)$$

　　设水库库容变化所引起的单位时间内水库发电量的增量表示为 $N_t^* - N_t$，水库库容变化所引起的时段 T 内的水库发电量增量表示为 $E^* - E$。则 $N_t^* - N_t$ 和 $E^* - E$ 可分别表达为

$$N_t^* - N_t = \frac{\eta}{2} \cdot q_t \cdot [H(S_t^*) + H(S_t^* + Q_t - q_t) - H(S_t) - H(S_t + Q_t - q_t)]$$

$$= \frac{\eta}{2} \cdot q_t \cdot (S_t^* - S_t)[H'(S_t) + H'(S_t + Q_t - q_t)] \qquad (4.5)$$

$$E^* - E = \Delta E = \frac{\eta}{2} \cdot \Delta t \cdot \sum_{t=1}^{t=T} q_t \cdot (S_t^* - S_t) \cdot [H'(S_t) + H'(S_t + Q_t - q_t)]$$

$$\qquad (4.6)$$

式中　E，E^*——时段 T 内当前水库库容方案对应的发电量和库容变化后新的发电量；

　　　　　　　Δt——单位计算时段。

　　在 E 方程的推导过程中，依据假设条件（1），则库容变化后的新的水库库容值 S_t^* 和当前的水库库容值 S_t 在时段 t 的关系可推导为式（4.7）所示。

$$S_t^* - S_t = (S_1^* + Q_1 - q_1 + \cdots Q_{t-1} - q_{t-1}) - (S_1 + Q_1 - q_1 + \cdots Q_{t-1} - q_{t-1})$$

$$= S_1^* - S_1 \qquad (4.7)$$

式中　S_1^*，S_1——整个研究时段 T 初始时刻的新的水库库容值和当前的水库库容值。

　　结合式（4.7），研究时段 T 内水库的发电量增量 ΔE 可用式（4.8）表达，即式（4.6)可进一步推导为

$$\Delta E = \frac{\eta}{2} \cdot \Delta t \cdot (S_1^* - S_1) \cdot \sum_{t=1}^{t=T} q_t \cdot \left[H'(S_t) + H'(S_t + Q_t - q_t) \right]$$

$$= \eta \cdot \Delta t \cdot (S_1^* - S_1) \cdot \sum_{t=1}^{t=T} q_t \cdot H'(S_t)$$

$$+ \frac{\eta}{2} \cdot \Delta t \cdot (S_1^* - S_1) \cdot \sum_{t=1}^{t=T} q_t \cdot (Q_t - q_t) \cdot H''(S_t) \qquad (4.8)$$

式（4.8）中，等式右边第一项中的 $\sum_{t=1}^{t=T} q_t \cdot H'(S_t)$ 可表达为以下两项式子相加之和，

即 $H'(S_1) \cdot (q_1 + q_2 + \cdots + q_n) + H''(S_1) \cdot \sum_{t=2}^{t=T} q_t \cdot \sum_{k=1}^{k=t-1} (Q_k - q_k)$；而等式右边第二项

中的 $\sum_{t=1}^{t=T} q_t \cdot (Q_t - q_t) \cdot H''(S_t)$ 可等价于 $H''(S_1) \cdot \sum_{t=1}^{t=T} q_t \cdot (Q_t - q_t)$。由于上述部分

项的值较小可适当忽略，因此不考虑弃水情况单库系统的 E 方程可以简化为式（3.9）所示表达式。

$$E^* = E + \eta \cdot (S_1^* - S_1) \cdot H'(S_1) \cdot \sum_{t=1}^{t=T} q_t \cdot \Delta t$$

$$= E + \eta \cdot \frac{W}{T_H} \cdot \left[H(S_1^*) - H(S_1) \right] \qquad (4.9)$$

式中 W——水库时段 T 内的入库水量；

T_H——为了平衡方程左右两边量纲的参数，参数值为 3600s/h。

E 方程［式（4.9）］代表着库容变化后水库发电量计算式，当 $S_1^* = S_1$，即水库库容未发生变化时，$E^* = E$。

4.3.2 考虑弃水的情况

在 4.3.1 节不考虑弃水情况的推导基础上，可以进一步推导考虑弃水情况下的单库的 E 方程表达式。假设水库的最大出力限制约束考虑在内，则水库发电过程中可能会产生弃水。因此，在考虑弃水的情况下，时段 T 初始时刻库容的变化（发电水头变化）会对时段 T 内总的可能产生的弃水量有影响。假设水库库容变化增量为 ΔS_t（水头减少）时，时段 T 内产生的弃水量相比于库容变化之前的方案将减少 ΔW。

设某一时刻水库发电出力 N_{max} 为水库最大出力限制曲线上的任一点，水库库容变化后对应的发电流量为 q^*，则

$$N_{max} = \eta \cdot H(S_1) \cdot q = \eta \cdot H(S_1^*) \cdot q^* \qquad (4.10)$$

因此，水库发电流量的增量表达式为

$$\Delta q = q^* - q = \frac{H(S_1)}{H(S_1^*)} \cdot q - q$$

$$= q \cdot \frac{H(S_1) - H(S_1^*)}{H(S_1^*) \cdot q} \qquad (4.11)$$

进一步可以推导出库容变化引起的弃水量的变化量 ΔW 为

$$\Delta W = \frac{H(S_1) - H(S_1^*)}{H(S_1^*)} (W_{\text{IN}} - W_{\text{SP}}) \tag{4.12}$$

式中　W_{IN}——水库的入库水量；

　　　W_{SP}——水库相应于 T 时段内起始库容 S_1 的发电弃水量。

因此，考虑弃水情况单库系统的 E 方程可以简化为式（4.13）所示表达式。

$$E^* = E + \eta \cdot \frac{W_{\text{IN}} - W_{\text{SP}}}{T_{\text{H}}} \cdot \frac{H(S_1)}{H(S_1^*)} \cdot \left[H(S_1) - H(S_1^*) \right] \tag{4.13}$$

4.4　水库群系统的 E 方程推导

4.4.1　不考虑弃水的情况

若水库发电过程中不考虑弃水的情况，以两个水库组成的水库群系统为例，则该水库群系统在库容变化之后新的总发电量为

$$E_{\text{Total}}^* = E_{\text{Total}} + \eta_1 \cdot \frac{W_{\text{IN1}}}{T_{\text{H}}} \cdot \left[H_1(S_{1,1}^*) - H_1(S_{1,1}) \right]$$

$$+ \eta_2 \cdot \frac{W_{\text{IN2}}}{T_{\text{H}}} \cdot \left[H_2(S_{2,1}^*) - H_2(S_{2,1}) \right] \tag{4.14}$$

式中　E_{Total}——当前水库库容方案对应的时段 T 内的发电量；

　　　η_i——水库群系统中第 i 个水库的综合出力系数（$i=1$，2）；

　　　W_{IN1}——水库群系统中第 i 个水库的入库水量；

　$S_{i,1}$，$S_{i,1}^*$——水库群系统中第 i 个水库在时段 T 时刻初对应于库容变化前后两个方案下的水库库容值；

　　　$H_i(\cdot)$——水库群系统中第 i 个水库的库水位。

由于式（4.14）中两个水库的入库水量是单独计算的参数，因此该计算式适用于两个水库以串联或并联形式组成的水库群系统。

设水库群系统中总库容的增量为 ΔV_{Total}，其中串联形式水库群系统中的上游水库（或者并联形式水库群系统中的左侧水库）编号为 1，其库容增量为 ΔV_1，故 ΔV_{Total} 和 ΔV_1 的关系可以表达为

$$\Delta V_1 = \Delta V_{\text{Total}} \cdot \gamma \tag{4.15}$$

式中 γ 是比例系数，为编号 1 水库的库容变化量 ΔV_1 占库群系统总库容变化量 ΔV_{Total} 的比例，取值为 0～1。因此，两个水库组成的水库群系统中另一个水库的库容变化量 $\Delta V_2 = \Delta V_{\text{Total}} \cdot (1-\gamma)$。将总库容变化量和比例系数带入式（4.14）可得

$$E_{\text{Total}}^* = E_{\text{Total}} + \eta_1 \cdot \frac{W_1}{T_H} \cdot [H_1(S_{1,1} - \Delta V_{\text{Total}} \cdot \gamma) - H_1(S_{1,1})]$$

$$+ \eta_2 \cdot \frac{W_2}{T_H} \cdot \{H_2[S_{2,1} - \Delta V_{\text{Total}} \cdot (1-\gamma)] - H_2(S_{2,1})\} \qquad (4.16)$$

4.4.2 考虑弃水的情况

若考虑水库最大出力限制曲线的约束，结合 4.3.2 节单库系统考虑弃水情况的 E 方程的推导，则该水库群系统在库容变化之后新的总发电量为

$$E_{\text{Total}}^* = E_{\text{Total}} + \lambda_1 \left[1 - \frac{H_1(S_{1,1})}{H_1(S_{1,1} - \Delta V_{\text{Total}} \cdot \gamma)}\right]$$

$$+ \lambda_2 \left\{1 - \frac{H_2(S_{2,1})}{H_2[S_{2,1} - \Delta V_{\text{Total}} \cdot (1-\gamma)]}\right\} \qquad (4.17)$$

其中 $\qquad\qquad \lambda_i = \eta_i \cdot (W_{\text{IN}i} - W_{\text{SP}i})/T_H \cdot H_i(S_{i,1}) > 0$

式中 $W_{\text{IN}i}$ ——水库群系统中第 i 个水库的入库水量；

$\qquad W_{\text{SP}i}$ ——水库群系统中第 i 个水库相应于 T 时段内起始库容 $S_{i,1}$ 的发电弃水量。

4.4.3 库容分配的比例系数判别式推导

若已知水库当前库容方案的库容值 $S_{i,1}$，当前库容方案对应的 T 时段内总发电量 E_{Total}，以及当前库容方案的发电水量（4.4.1 节中的 $W_{\text{IN}i}$ 项或者 4.4.2 节中的 $W_{\text{IN}i} - W_{\text{SP}i}$ 项），则水库群系统的 E 方程 [4.4.1 节中的式（4.16）或 4.4.2 节中的式（4.17）] 可表示为水库群系统总库容变化量 ΔV_{Total} 和库容分配比例系数 γ 两个变量的函数形式。

$$E_{\text{Total}}^* = F(\Delta V_{\text{Total}}, \gamma) \qquad (4.18)$$

在水库发电过程中由于最大出力限制曲线的约束，通常是不可避免会产生弃水量，因此针对式（4.18）中 E_{Total}^* 同两个变量 ΔV_{Total} 和 γ 的关系的推导，本章节选取水库群系统考虑弃水的情况为例。由于 ΔV_{Total} 和 γ 是两个独立变量，故变量与函数目标值 E_{Total} 的关系可以分开讨论。

$$\begin{cases} \dfrac{\partial E_{\text{Total}}^*}{\partial \Delta V_{\text{Total}}} < 0 \\[4mm] \dfrac{\partial^2 E_{\text{Total}}^*}{\partial \Delta V_{\text{Total}}^2} < 0 \end{cases} \qquad (4.19)$$

式（4.19）可由式（4.17）推导而来，且式（4.19）中 $\partial E_{\text{Total}}^*/\partial \Delta V_{\text{Total}} < 0$ 代表着 E_{Total}^* 随着的 ΔV_{Total} 增加而递减，而 $\partial^2 E_{\text{Total}}^*/\partial \Delta V_{\text{Total}}^2 < 0$ 代表着 E_{Total}^* 随着的 ΔV_{Total} 增加而递减的幅度也是减小的。E_{Total}^* 和 ΔV_{Total} 二者的关系也反映了水库兴利与防洪目

标之间的矛盾性。

式（4.20）亦可由式（4.17）推导而来。库容分配比例系数 γ 判别式 $K(\gamma)$ [式（4.21）] 可以用来判别水库群系统的总发电量 E^*_{Total} 的最大值在何处取得。由 $\partial^2 E^*_{\text{Total}} / \partial \gamma^2 < 0$ 可推断出 $\partial E^*_{\text{Total}} / \partial \gamma$ 是一个随着 γ 增加而递减的函数，但是 $\partial E^*_{\text{Total}} / \partial \gamma$ 的符号取决于 γ 的值和 ΔV_{Total} 的符号的共同作用。

$$
\begin{cases}
\dfrac{\partial E^*_{\text{Total}}}{\partial \gamma} = -\Delta V_{\text{Total}} \cdot K(\gamma) \\[3mm]
\dfrac{\partial^2 E^*_{\text{Total}}}{\partial \gamma^2} < 0
\end{cases}
\tag{4.20}
$$

$$
\begin{aligned}
K(\gamma) = {} & \lambda_1 \cdot S_{1,1}^{b_1} \cdot b_1 \cdot (S_{1,1} - \Delta V_{\text{Total}} \cdot \gamma)^{-b_1 - 1} \\
& - \lambda_2 \cdot S_{2,1}^{b_2} \cdot b_2 \cdot [S_{2,1} - \Delta V_{\text{Total}} \cdot (1-\gamma)]^{-b_2 - 1}
\end{aligned}
\tag{4.21}
$$

$$
\begin{aligned}
\frac{\partial K(\gamma)}{\partial \gamma} = {} & \Delta V_{\text{Total}} \cdot \{ \lambda_1 \cdot S_{1,1}^{b_1} \cdot b_1 \cdot (b_1 + 1) \cdot (S_{1,1} - \Delta V_{\text{Total}} \cdot \gamma)^{-b_1 - 2} \\
& + \lambda_2 \cdot S_{2,1}^{b_2} \cdot b_2 \cdot (b_2 + 1) \cdot [S_{2,1} - \Delta V_{\text{Total}} \cdot (1-\gamma)]^{-b_2 - 2} \}
\end{aligned}
\tag{4.22}
$$

由于比例系数 γ 反映的是水库群系统中第一个水库的库容变化占总库容变化的比例，故 γ 在 0 到 1 闭区间取值。式（4.22）反映了 $\partial K(\gamma) / \partial \gamma$ 的符号取决于 ΔV_{Total} 的值。结合式（4.19）～式（4.22）的分析，可归纳总结 E^*_{Total} 最大值在何处获取的结论如下：

（1）若 $K(0) \cdot K(1) \geqslant 0$，且 $K(0) \cdot \Delta V_{\text{Total}} \geqslant 0$，则考虑弃水情况下的水库群系统 E 方程 [式（4.17）] 中 E^*_{Total} 最大值在 $\gamma = 0$ 处取得，且 E^*_{Total} 的最大值的表达式为

$$
E^*_{\text{Total}} = E_{\text{Total}} + \lambda_2 \left[1 - \frac{H_2(S_{2,1})}{H_2(S_{2,1} - \Delta V_{\text{Total}})} \right]
\tag{4.23}
$$

（2）若 $K(0) \cdot K(1) \geqslant 0$，且 $K(1) \cdot \Delta V_{\text{Total}} \leqslant 0$，则考虑弃水情况下的水库群系统 E 方程 [式（4.17）] 中 E^*_{Total} 最大值在 $\gamma = 1$ 处取得，且 E^*_{Total} 的最大值的表达式为

$$
E^*_{\text{Total}} = E_{\text{Total}} + \lambda_1 \left[1 - \frac{H_1(S_{1,1})}{H_1(S_{1,1} - \Delta V_{\text{Total}})} \right]
\tag{4.24}
$$

（3）若 $K(0) \cdot K(1) < 0$，则考虑弃水情况下的水库群系统 E 方程 [式（4.17）] 中，若存在一值 $\gamma^* \in (0,1)$ 满足方程 $K(\gamma^*) = 0$，则 E^*_{Total} 最大值的表达式为

$$
E^*_{\text{Total}} = E_{\text{Total}} + \lambda_1 \left[1 - \frac{H_1(S_{1,1})}{H_1(S_{1,1} - \Delta V_{\text{Total}} \cdot \gamma^*)} \right]
$$

$$+\lambda_2\left\{1-\frac{H_2(S_{2,1})}{H_2[S_{2,1}-\Delta V_{Total}\cdot(1-\gamma^*)]}\right\} \tag{4.25}$$

即 E_{Total}^* 最大值在 $\gamma=\gamma^*$ 处取得。但由于 $K(\gamma)$ 的计算值与 ΔV_{Total} 有关，所以当 ΔV_{Total} 变化时，E_{Total}^* 取最大值的位置（γ^* 的值）是改变的。

本节提出的比例系数判别式方法可用于推求两个水库以串联或者并联形式组成的水库群系统中在 γ 取何值时可取得水库群系统总发电量最大值。当研究时段 T 足够小的时候，比例系数判别式方法可应用于水库群系统在判别蓄水期或者消落期阶段两个水库的蓄放水次序。当研究时段 T 为汛期阶段（整个汛期时段长）时，γ 判别式方法可应用于推求水库群系统中，以系统总发电量最大为目标函数，两水库防洪库容分配的优化问题。

4.5　研究实例一——安康—丹江口两库系统

本小节以安康—丹江口两库系统为例，开展水库群防洪库容分配的实例研究，最大化库群系统多年平均总发电量。采用 E 方程分别推导水库群系统夏汛期和秋汛期的防洪库容最优分配的两个情景方案，分别记为方案 A1 和方案 B1。而以水库群系统总发电量最大为目标函数，采用数值模拟方法分别推求水库群系统夏汛期和秋汛期的防洪库容最优分配的两个情景方案，分别记做方案 A2 和方案 B2。本小节采用安康、丹江口水库 1954—2010 年共计 57 年的日径流资料作为输入。

4.5.1　应用 E 方程推求防洪库容分配

4.5.1.1　夏汛期（方案 A1）

根据 4.2 节中假设条件（2）可拟合得到安康水库（变量下标为 1）和丹江口水库（变量下标为 2）的库容曲线的函数表达式分别为 $Z_1=a_1S_1^{b_1}=248.931S_1^{0.0884}$ 和 $Z_2=a_1S_2^{b_1}=78.091S_2^{0.1361}$（图 4.2 所示）。

安康—丹江口水库群系统在夏汛期的总发电量可通过式（4.17）计算，且计算过程中方案 A1 所需的计算参数见表 4.1，故可推求方案 A1 中 E 方程的表达式为

$$\overline{E_{Total}^*}=8.14+\lambda_1\left[1-\frac{20.75^{0.0884}}{(20.75-\gamma\Delta V_{Total})^{0.0884}}\right]$$
$$+\lambda_2\left\{1-\frac{198.2^{0.1361}}{[198.2-(1-\gamma)\Delta V_{Total}]^{0.1361}}\right\} \tag{4.26}$$

其中　　　$\lambda_1=\eta_1\cdot(\overline{W_{IN1}}-\overline{W_{SP1}})/T_H\cdot H_1(S_{1,1})=10.51\text{ 亿 kW}\cdot\text{h}$
$$\lambda_2=13.69\text{ 亿 kW}\cdot\text{h}$$

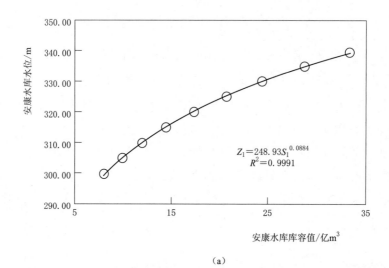

（a）

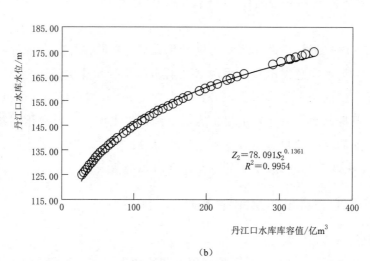

（b）

图 4.2　库容曲线拟合结果

表 4.1　　　　　　　　　　　　　　**方案 A1 的计算参数表**

参　数　名　称	参　数　值	参　数　名　称	参　数　值
η_1	8.50	η_2	8.73
$S_{1,1}$/亿 m³	20.75	$S_{2,1}$/亿 m³	198.20
$\overline{W_{IN1}}$/亿 m³	56.16	$\overline{W_{IN2}}$/亿 m³	38.46
$\overline{W_{SP1}}$/亿 m³	42.48	$\overline{W_{SP2}}$/亿 m³	3.26
$\overline{E_1}$/(亿 kW·h)	2.67	$\overline{E_2}$/(亿 kW·h)	5.47

方案 A1 的库容分配比例系数 γ 判别式 $K(\gamma)$ 可由式（4.21）计算。当 $\gamma=0$，且 $\Delta V_{\text{Total}}=1$ 亿 m³ 时，$K(0)=0$kW·h/m³；而 $\partial(E_{\text{Total}}^{*})/\partial \gamma |_{\gamma=0}=-\Delta V_{\text{Total}}\cdot K(\gamma)=$

-0.03534亿 kW·h<0，因此，结合$\partial^2(E_{\text{Total}}^*)/\partial\gamma^2<0$ 和$\partial E_{\text{Total}}^*/\partial\Delta V_{\text{Total}}<0$，可以推求出水库群系统夏汛期多年平均总发电量$\overline{E_{\text{Total}}^*}$最大值在$\gamma=0$处取得，且总发电量可用计算为

$$\overline{E_{\text{Total}}^*}=8.14+\lambda_2\left\{1-\frac{198.2^{0.1361}}{[198.2-(1-\gamma)\Delta V_{\text{Total}}]^{0.1361}}\right\} \tag{4.27}$$

式中$\lambda_2=13.69$ 亿 kW·h。

如图 4.3 所示为方案 A1 的应用结果，图中横坐标代表的是水库群系统夏汛期总防洪库容的增量 ΔV_{Total}，纵坐标代表的是水库群系统夏汛期多年平均总发电量$\overline{E_{\text{Total}}^*}$。根据图 4.3 分析，可以得到如下 3 点小结。

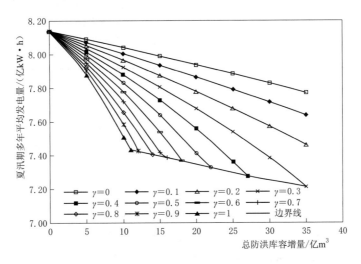

图 4.3　夏汛期应用 E 方程推求防洪库容分配的结果（方案 A1）

（1）随着水库群系统夏汛期总防洪库容的增量 ΔV_{Total}增加时，水库群系统夏汛期多年平均总发电量$\overline{E_{\text{Total}}^*}$随之递减，这与水库系统兴利与防洪目标之间因水资源利用所客观存在的互斥性特征是相吻合的。

（2）根据判别条件 $K(0)\cdot K(1)\geqslant0$ 且 $K(0)\cdot\Delta V_{\text{Total}}\geqslant0$，该安康—丹江口水库群系统夏汛期的$\overline{E_{\text{Total}}^*}$最大值在 $\gamma=0$ 处取得。当 γ 值取得越大，则水库群系统$\overline{E_{\text{Total}}^*}$值越小。

（3）图 4.3 中存在防洪库容分配方案的边界线，该边界线的产生是由于安康水库已到达其防洪库容上限值（对应于安康水库防洪高水位至死水位之间的全部库容均用作防洪库容）。

4.5.1.2　秋汛期（方案 B1）

安康—丹江口水库群系统在秋汛期的总发电量可通过式（4.17）计算，且计算过程中方案 B1 所需的计算参数见表 4.2，从而可推求方案 B1 中 E 方程的表达式为

$$\overline{E_{\text{Total}}^{*}} = 6.08 + \lambda_1 \left[1 - \frac{22.186^{0.0884}}{(22.186 - \gamma \Delta V_{\text{Total}})^{0.0884}} \right]$$
$$+ \lambda_2 \left\{ 1 - \frac{228^{0.1361}}{\left[228 - (1-\gamma)\Delta V_{\text{Total}} \right]^{0.1361}} \right\} \qquad (4.28)$$

其中
$$\lambda_1 = 8.59 \text{ 亿 kW} \cdot \text{h}$$
$$\lambda_2 = 5.93 \text{ 亿 kW} \cdot \text{h}$$

表 4.2   方案 B1 的计算参数表

参 数 名 称	参 数 值	参 数 名 称	参 数 值
η_1	8.50	η_2	8.73
$S_{1,1}$/亿 m³	22.19	$S_{2,1}$/亿 m³	228.00
$\overline{W_{\text{IN1}}}$/亿 m³	53.93	$\overline{W_{\text{IN2}}}$/亿 m³	14.95
$\overline{W_{\text{SP1}}}$/亿 m³	42.82	$\overline{W_{\text{SP2}}}$/亿 m³	0.00
$\overline{E_1}$/(亿 kW·h)	2.27	$\overline{E_2}$/(亿 kW·h)	3.81

方案 B1 的 γ 判别式 $K(\gamma)$ 可由式（4.21）计算。当 $\gamma = 0$，且 $\Delta V_{\text{Total}} = 1$ 亿 m³ 时，$K(0) = 0.03\text{kW} \cdot \text{h/m}^3$；而 $\partial E_{\text{Total}}^{*} / \partial \gamma |_{\gamma=0} = -\Delta V_{\text{Total}} \cdot K(\gamma) = -0.0307$ 亿 kW·h <0，因此，结合 $\partial^2 E_{\text{Total}}^{*} / \partial \gamma^2 < 0$ 和 $\partial E_{\text{Total}}^{*} / \partial \Delta V_{\text{Total}} < 0$，可推求水库群系统秋汛期发电量 $\overline{E_{\text{Total}}^{*}}$ 最大值在 $\gamma = 0$ 处取得，且发电量可以计算为

$$\overline{E_{\text{Total}}^{*}} = 6.08 + \lambda_2 \left\{ 1 - \frac{228^{0.1361}}{\left[228 - (1-\gamma)\Delta V_{\text{Total}} \right]^{0.1361}} \right\} \qquad (4.29)$$

其中
$$\lambda_2 = 5.93 \text{ 亿 kW} \cdot \text{h}$$

图 4.4 所示为方案 B1 的应用结果，其可以得到与方案 A1（图 4.3）相同的 3 点结论，不再赘述。

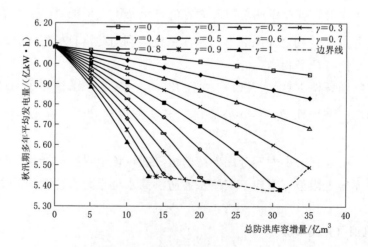

图 4.4 秋汛期应用 E 方程推求防洪库容分配的结果（方案 B1）

4.5.2　应用 *E* 方程和常规调度两种方案对比

4.5.2.1　夏汛期（方案 A1 和方案 A2）

图 4.5 为方案 A1 和方案 A2 的结果对比，图中实线代表应用 *E* 方程求解的结果，虚线代表基于常规调度的数值模拟方法推求的结果。从方案 A1 和方案 A2 的对比，可以归纳如下 4 点小结。

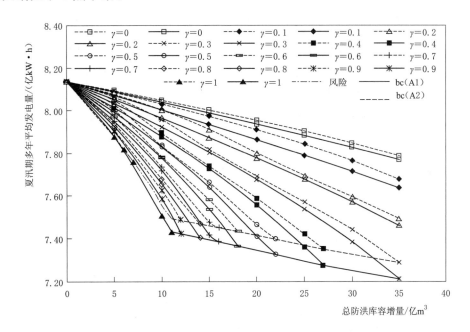

图 4.5　方案 A1(*E* 方程) 和方案 A2(常规调度方法) 的结果对比

（实线代表方案 A1；虚线代表方案 A2；bc(A1) 和 bc(A1) 分别代表
方案 A1 和 A2 的防洪库容分配边界线；"风险"代表
方案 A2 中考虑的防洪风险约束）

（1）对于方案 A1 和方案 A2 而言，水库群系统夏汛期发电量的最大值均在 $\gamma = 0$ 处取得。

（2）由于安康水库的夏汛期防洪库容达到上限值，因此方案 A1 和方案 A2 均存在防洪库容分配的边界线 ［图 4.5 中 bc(A1) 和 bc(A2)］。

（3）相比于方案 A1 而言，方案 A2 考虑了防洪库容分配的风险约束，因此，方案 A2 存在一条防洪风险的边界线。如图 4.5 所示，当水库群系统夏汛期总防洪库容增量 ΔV_{Total} 超过 5 亿 m^3 时，若将所增加的总防洪库容 ΔV_{Total} 全部分配到上游安康水库是存在防洪风险的。

（4）根据图 4.5 和表 4.3 分析，方案 A1 和方案 A2 中水库群系统夏汛期总发电量的计算误差可以接受。

表 4.3   方案 A1 和方案 A2 中发电量计算的误差计算表

γ	0	0.1	0.2	0.3	0.4	0.5	0.6	0.7	0.8	0.9	1
SSE/%	0.01	0.09	0.05	0.09	0.06	0.04	0.03	0.03	0.03	0.02	0.02
MIE/%	0.01	0.04	0.06	0.09	0.08	0.06	0.04	0.03	0.02	0.01	0.00
MAE/%	0.27	0.67	0.51	1.05	1.03	0.96	0.91	0.89	0.86	0.84	0.82

注：SSE 代表误差平方和；MIE 代表绝对误差的最小值；MAE 代表绝对误差的最大值。

4.5.2.2 秋汛期（方案 B1 和方案 B2）

图 4.6 为方案 B1 和方案 B2 的结果对比，表 4.4 为方案 B1 和方案 B2 中发电量的误差计算表。方案 B1 和方案 B2 的对比结果与方案 A1 和方案 A2 的对比结果基本一致，除了关于防洪风险边界线的细节表述不同：相比于方案 B1 而言，方案 B2 考虑了防洪库容分配的风险约束，因此，方案 B2 中对应于 $\gamma = 0.7 \sim 1.0$ 存在一条防洪风险的边界线。如图 4.6 所示，当 $\gamma = 0.7$ 时，若水库群系统秋汛期总防洪库容增量 ΔV_{Total} 超过 13 亿 m^3，则水库群系统在秋汛期存在防洪风险。

表 4.4   方案 B1 和方案 B2 中发电量计算的误差计算表

γ	0	0.1	0.2	0.3	0.4	0.5	0.6	0.7	0.8	0.9	1
SSE/%	0.27	0.02	0.06	0.06	0.03	0.03	0.03	0.03	0.03	0.03	0.02
MIE/%	0.04	0.00	0.30	0.51	0.22	0.04	0.08	0.16	0.21	0.25	0.29
MAE/%	1.50	0.51	0.96	0.56	0.62	0.69	0.74	0.77	0.78	0.82	0.82

注：SSE 代表误差平方和；MIE 代表绝对误差的最小值；MAE 代表绝对误差的最大值。

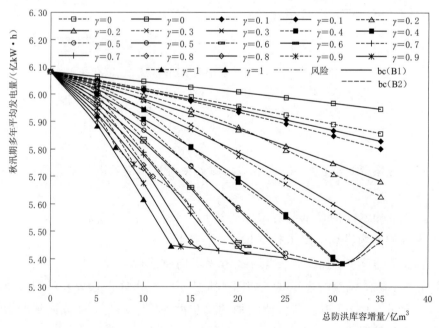

图 4.6 方案 B1（E 方程）和方案 B2（常规调度方法）的结果对比

（实线代表方案 B1，虚线代表方案 B2；bc(B1) 和 bc(B1) 分别代表方案 B1 和 B2 的防洪库容分配边界线；

"风险"代表方案 B2 中考虑的防洪风险约束）

4.5.3 拓展讨论

结合式（4.21）所示，比例系数判别式 $K(\gamma)$ 的值会受以下两个主要因素的影响：①水库群系统中两水库间防洪库容量级差异；②水库群系统中两水库间入库水量比例。针对这两个因素，4.5.3.1 节和 4.5.3.2 节分别给出相应的假定情景 4.1 和假定情景 4.2 开展分析讨论，且 4.5.3.1 节和 4.5.3.2 节中的假定情景的参数值均是在方案 A1 的基础上进行适当修改。

相比于应用 E 方程进行防洪库容分配问题的求解，基于常规调度的数值模拟方法考虑了防洪安全。由于考虑防洪风险约束条件后，水库群系统总防洪库容变化量 ΔV_{Total} 只能为正值，但 E 方程的推导过程本身是没有限定 ΔV_{Total} 的符号，4.5.3.3 节针对 ΔV_{Total} 为负值的情况下 E 方程的应用结果进行了相应的分析。

4.5.3.1 水库群系统中两水库间防洪库容量级的影响

研究实例安康—丹江口水库群系统中，安康水库和丹江口水库的防洪库容量级相差较大，本节在方案 A1 的基础上假定安康水库夏汛期当前的防洪库容值为 47.60 亿 m^3，且安康水库库容曲线的表达式为 $Z_1 = H(S_1) = a_1 S_1^{b_1} = 216.5 S_1^{0.0884}$，其他参数值不变。本节的假定情景 4.1 中，$K(0)K(1) < 0$，根据 4.4.3 节的判别方法第（3）点可知，则存在 $\gamma^* \in (0,1)$ 满足方程 $K(\gamma^*) = 0$，使得 E_{Total}^* 值最大。根据图 4.7 所示，随着水库群系统夏汛期总防洪库容增量 ΔV_{Total} 的增大，γ^* 的值从 0.52 逐步递减最后趋近于 0.35。因此，满足条件使得 E_{Total}^* 值最大的 γ^* 值会随着 ΔV_{Total} 的变化而有所不同，但变化范围在 0.35～0.52。

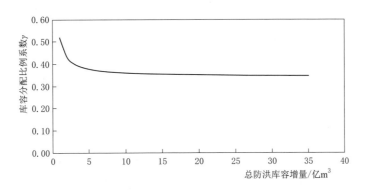

图 4.7　假定情景 4.1 中 γ 值与总防洪库容增量的关系

在图 4.8 中，当 γ 分别等于 0.3、0.4 和 0.5 的时候，E_{Total}^* 值的差异不大。结合图 4.7 和图 4.8 综合分析，假定情景 4.1 的库容优化分配的结论是：当 ΔV_{Total} 的值在 1 亿～5 亿 m^3 时，γ^* 的值可建议取为 0.45；当 ΔV_{Total} 的值大于 5 亿 m^3 时，γ^* 的值可建议取为 0.35。

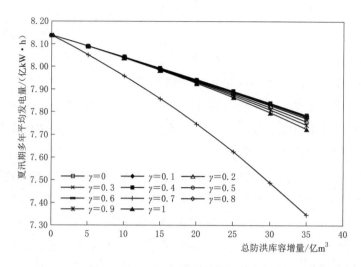

图 4.8　假定情景 4.1 中 E 方程推求防洪库容分配的结果

在方案 A1 中，当安康水库和丹江口水库防洪库容的变化幅度相同时（即 $\mathrm{d}V_1 = \mathrm{d}V_2$），安康水库库容曲线的斜率 $\mathrm{d}Z_1/\mathrm{d}V_1$ 大于丹江口水库库容曲线的斜率 $\mathrm{d}Z_2/\mathrm{d}V_2$，这代表着当 $\mathrm{d}V_1 = \mathrm{d}V_2 > 0$ 时，安康水库水头的损失要大于丹江口水库水头的损失，故建议将防洪库容增量 $\Delta V_{\mathrm{Total}}$ 分配到下游丹江口水库，以此来减小发电量的牺牲。但在假定情景 4.1 中，安康水库库容曲线的斜率 $\mathrm{d}Z_1/\mathrm{d}V_1$ 做了假设改变（本质上是水库库容量级改变），而这也进一步影响了防洪库容分配结果。

4.5.3.2　水库群系统中两水库间入库水量比例的影响

水库群系统中两水库间入库水量比例本质上是影响着两个水库之间发电水量的比例，而发电水资源的分布可以进一步影响着防洪库容优化分配方案。在方案 A1 的参数基础上，将安康水库的入库水量 $\overline{W}_{\mathrm{IN1}}$ 假定为 44.00 亿 m^3，丹江口水库的入库水量 $\overline{W}_{\mathrm{IN2}}$ 及其他参数值均不改变。在本小节的假定情景 4.2 中，$K(0) = -0.00448\mathrm{kW \cdot h/m^3}$，$K(1) = -0.00415\mathrm{kW \cdot h/m^3}$，且 $\partial E_{\mathrm{Total}}^{*}/\partial \gamma \big|_{\gamma=1} = -\Delta V_{\mathrm{Total}} \cdot K(\gamma) > 0$，根据 4.4.3 节中的判别方法第（2）点可知，$\overline{E_{\mathrm{Total}}^{*}}$ 的最大值在 $\gamma = 1$ 处取得（图 4.9）。

由于假定情景 4.2 中的安康水库入库水量值小于方案 A1 中安康水库入库水量值，而 $\lambda_1 = \eta_1 \cdot (\overline{W}_{\mathrm{IN1}} - \overline{W}_{\mathrm{SP1}})/T_{\mathrm{H}} \cdot H_1(S_{1,1})$，故假定情景 4.2 中的 λ_1 相比于方案 A1 中的 λ_1 参数值是在减少的。结合式（4.19）分析，γ 判别式 $K(\gamma)$ 的值也随之减少，故可能使得假定情景 4.2 中的 $K(1) < 0$。在方案 A1 中，$\overline{E_{\mathrm{Total}}^{*}}$ 的最大值在 $\gamma = 0$ 处取得（图 4.3），而在假定情景 4.2 中，$\overline{E_{\mathrm{Total}}^{*}}$ 的最大值在 $\gamma = 1$ 处取得（图 4.9），两者仅是安康水库入库水量的参数值不同。

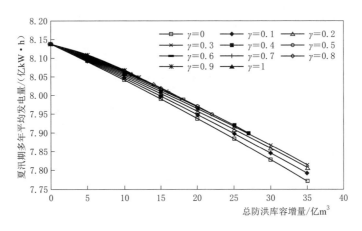

图 4.9　假定情景 4.2 中 E 方程推求防洪库容分配的结果

结合式（4.21）分析，如果上、下游水库的入库水量比例 $\overline{W_{IN1}}/\overline{W_{IN2}}$ 足够大时，上游水库防洪库容增加所牺牲的发电效益将大于下游水库因防洪库容增加而牺牲的发电效益；在这种情景下，建议将水库群系统防洪库容增量 ΔV_{Total} 分配到下游水库（4.5.2.1节中方案 A1 的结论）。而假定情景 4.2 中，上、下游水库的入库比例 $\overline{W_{IN1}}/\overline{W_{IN2}}$ 值进行了适当减小的调整，导致上游水库防洪库容增加所牺牲的发电效益将小于下游水库因防洪库容增加而牺牲的发电效益，故假定情景 4.2 中的结论是将水库群系统防洪库容增量 ΔV_{Total} 分配到上游安康水库。

4.5.3.3　水库群系统中考虑防洪约束的影响

在基于常规调度的数值模拟（方案 B1 和方案 B2）结果中，考虑了水库防洪风险的约束条件，因此水库群系统夏汛期防洪库容的变化量 ΔV_{Total} 只能为正值。相应的在方案 A1 和方案 A2 中，由于考虑到 E 方程方法与基于常规调度的数值模拟方法的对比，故结果中只展现了 $\Delta V_{Total} > 0$ 的情况。

如图 4.10 所示，当 ΔV_{Total} 值可正可负时，E 方程推导水库群系统夏汛期防洪库容分配结果可有进一步的拓展：当 $\Delta V_{Total} > 0$ 时，$\overline{E_{Total}^{*}}$ 的最大值在 $\gamma = 0$ 处取得；当 $\Delta V_{Total} < 0$ 时，$\overline{E_{Total}^{*}}$ 的最大值在 $\gamma = 1$ 处取得。

在方案 A1 中，上游水库由于防洪库容增加而牺牲的发电效益大于下游水库由于防洪库容增加而牺牲的发电效益（$dE_1/dV_1 < dE_2/dV_2 < 0$）。当 $\Delta V_{Total} > 0$ 时，则代表发电效益将因为防洪库容增加而牺牲，故为了减少发电效益的牺牲，应当将水库群系统防洪库容增量 ΔV_{Total} 全部分配到下游丹江口水库。但当 $\Delta V_{Total} < 0$ 时，则代表发电效益将因为防洪库容的减少而增加，故为了使得增加的发电效益最大化，应当将水库群系统夏汛期防洪库容增量 ΔV_{Total} 全部分配到上游安康水库。

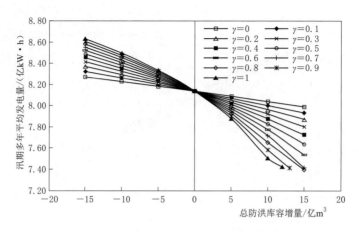

图 4.10　不考虑防洪风险约束时推求防洪库容分配的结果

4.6　研究实例二——汉江流域五库系统

在 4.5 节的基础上，将本章提出的 E 方程和比例系数判别式（即基于库容分配比例系数的水库群防洪库容分配规则）拓展应用到汉江流域五库系统。针对如何将所提出的水库群库容分配规则应用于两库以上的库群系统有以下 3 种初步研究思路。

（1）借鉴聚合—分解思想，将多库群系统视为由一个单库 1 和一个"聚合水库 1（由库群系统中除单库 1 以外其他水库组成）"组成的两库系统，从而直接应用水库防洪库容分配规则推求单库 1 和"聚合水库 1"之间的库容分配方案，然后将"聚合水库 1"拆分为由单库 2 和"聚合水库 2（由聚合水库 1 中除单库 2 以外其他水库组成）"，依次逐层拆分库群系统获取各水库的防洪库容分配方案。

（2）两两组合思想，选取水库群系统中的主要控制性水库对象，将复杂的水库群系统按照简单的串联或并联关系逐步拆分成多个由两个水库组成的次级水库群系统（分别将流域中主要控制性水库与其他水库两两组合，构建各水库与主要控制性水库的库容分配关系），从而方便应用 E 方程逐个推求各次级水库群系统中库容分配方案，或者考虑任意相邻两水库的两两组合形式推求库容分配关系。

（3）新增比例系数参数思想，将 4.4 节中针对两库系统的 E 方程递推至三库及三库以上系统，然后针对多库系统的 E 方程推导其相应的比例系数判别式结论。

上述 3 种研究思路中，思路（1）需要假定"聚合水库"的库容关系曲线的参数 $a_{聚}$ 和 $b_{聚}$，该参数值的合理性难以验证；思路（3）新增比例系数涉及更为复杂的数学公式推导，其推求的比例系数判别式结论在理论上应类似于 4.4 中的两库系统结论，但具体的判别式形式和分类情景应有所区别且更为复杂。因此，本研究实例二（汉江流域五库系统）采用研究思路（2）两两组合思想。

考虑到丹江口水库为汉江流域系统的主要控制性水库，且库群系统中除丹江口水库以外的其他水库的防洪库容量级相似，采用给定水库和丹江口水库两两组合的形式建立子系统；同时考虑安康—潘口两库和三里坪—鸭河口两库并联子系统；上述 6 种组合方案基本涵盖了汉江流域五库系统中相邻两水库的所有组合形式。此外，本节研究仅将 E 方程应用于夏汛期时段为例，仅给出根据 E 方程进行防洪库容分配的计算结果而不考虑防洪风险约束。需要说明的是，考虑到 5 个水库径流资料的匹配程度，本节采用的是 1960—1990 年和 2006—2010 年共计 36 年的日径流资料进行计算。

4.6.1 E 方程在安康—丹江口两库串联子系统的应用

安康—丹江口两库串联子系统在夏汛期的总发电量可通过式（4.17）计算，且计算过程中所需的计算参数见表 4.5，故可推求 E 方程为

$$\overline{E_{\text{Total}}^*} = 8.37 + \lambda_1 \left[1 - \frac{20.75^{0.0884}}{(20.75 - \gamma \Delta V_{\text{Total}})^{0.0884}} \right]$$
$$+ \lambda_2 \left\{ 1 - \frac{198.2^{0.1361}}{[198.2 - (1-\gamma)\Delta V_{\text{Total}}]^{0.1361}} \right\} \quad (4.30)$$

其中
$$\lambda_1 = \eta_1 \cdot (\overline{W_{\text{IN1}}} - \overline{W_{\text{SP1}}}) / T_H \cdot H_1(S_{1,1}) = 10.69 \text{ 亿 kW} \cdot \text{h}$$
$$\lambda_2 = 14.81 \text{ 亿 kW} \cdot \text{h}$$

表 4.5　　　　　　　　　　安康—丹江口两库子系统的计算参数表

参　数　名　称	参　数　值	参　数　名　称	参　数　值
η_1	8.50	η_2	8.73
$S_{1,1}$/亿 m³	20.75	$S_{2,1}$/亿 m³	198.20
$\overline{W_{\text{IN1}}}$/亿 m³	57.48	$\overline{W_{\text{IN2}}}$/亿 m³	41.85
$\overline{W_{\text{SP1}}}$/亿 m³	43.64	$\overline{W_{\text{SP2}}}$/亿 m³	3.79
$\overline{E_1}$/(亿 kW·h)	2.71	$\overline{E_2}$/(亿 kW·h)	5.66

安康—丹江口两库子系统 γ 判别式 $K(\gamma)$ 可由式（4.21）计算。当 $\gamma=0$，且 $\Delta V_{\text{Total}} = 1$ 亿 m³ 时，$K(0) = 0.042 \text{kW} \cdot \text{h/m}^3$，$K(1) = 0.0102 \text{kW} \cdot \text{h/m}^3$；而 $\partial E_{\text{Total}}^* / \partial \gamma |_{\gamma=0} = -\Delta V_{\text{Total}} \cdot K(\gamma) = -0.0324$ 亿 kW·h<0，因此，结合 $\partial^2 E_{\text{Total}}^* / \partial \gamma^2 < 0$ 和 $\partial E_{\text{Total}}^* / \partial \Delta V_{\text{Total}} < 0$，可推求水库群系统夏汛期多年平均总发电量 $\overline{E_{\text{Total}}^*}$ 最大值在 $\gamma=0$ 处取得，且发电量可用计算为

$$\overline{E_{\text{Total}}^*} = 8.37 + \lambda_2 \left\{ 1 - \frac{198.2^{0.1361}}{[198.2 - (1-\gamma)\Delta V_{\text{Total}}]^{0.1361}} \right\} \quad (4.31)$$

其中
$$\lambda_2 = 14.81 \text{ 亿 kW} \cdot \text{h}$$

如图 4.11 所示为安康—丹江口两库串联子系统的应用结果，图中横坐标代表的

是该库群子系统夏汛期总防洪库容增量 ΔV_{Total}，纵坐标代表的是该库群子系统夏汛期多年平均总发电量 $\overline{E^*_{\text{Total}}}$。由于其可以得到与 4.5.1 节中方案 A1 相同的 3 点结论，故不再赘述。

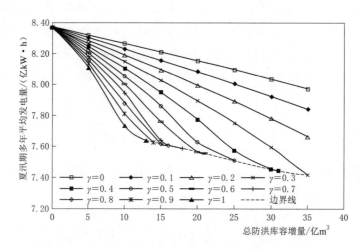

图 4.11　安康—丹江口两库子系统应用 E 方程推求防洪库容分配的结果

4.6.2　E 方程在潘口—丹江口两库串联子系统的应用

潘口—丹江口水库群系统在夏汛期的总发电量可通过式（4.17）计算，且计算过程中所需的计算参数见表 4.6。根据 4.2 节中假设条件（2）可拟合得到潘口水库（变量下标为 3）库容曲线的函数表达式分别为 $Z_3 = a_3 S_3^{b_3} = 287.77 S_3^{0.0694}$。将表 4.6 中的参数值代入式（4.17）可推求出 E 方程的表达式为

$$\overline{E^*_{\text{Total}}} = 7.55 + \lambda_3 \left[1 - \frac{15.71^{0.0694}}{(15.71 - \gamma \Delta V_{\text{Total}})^{0.0694}} \right]$$
$$+ \lambda_2 \left\{ 1 - \frac{198.2^{0.1361}}{[198.2 - (1-\gamma) \Delta V_{\text{Total}}]^{0.1361}} \right\} \tag{4.32}$$

其中
$$\lambda_3 = \eta_3 \cdot (\overline{W_{\text{IN3}}} - \overline{W_{\text{SP3}}}) / T_H \cdot H_3(S_{3,1}) = 7.66 \text{ 亿 kW·h}$$
$$\lambda_2 = 14.81 \text{ 亿 kW·h}$$

表 4.6　　　　　　　　　　　　潘口水库的计算参数表

参数名称	η_3	$S_{3,1}$/亿 m³	$\overline{W_{\text{IN3}}}$/亿 m³	$\overline{W_{\text{SP3}}}$/亿 m³	$\overline{E_3}$/(亿 kW·h)
参数值	8.50	15.71	13.58	4.28	1.89

潘口—丹江口两库子系统 γ 判别式 $K(\gamma)$ 可由式（4.21）计算。当 $\gamma = 0$，且 $\Delta V_{\text{Total}} = 1$ 亿 m³ 时，$K(0) = 0.033 \text{kW·h/m}^3$，$K(1) = 0.0102 \text{kW·h/m}^3$；而 $\partial E^*_{\text{Total}}/\partial \gamma |_{\gamma=0} = -\Delta V_{\text{Total}} \cdot K(\gamma) = -0.0236 \times 10^8 \text{ kW·h} < 0$。结合 $\partial^2 E^*_{\text{Total}}/$

$\partial\gamma^2 < 0$ 和 $\partial E^*_{\mathrm{Total}}/\partial\Delta V_{\mathrm{Total}} < 0$，可推求水库群系统夏汛期多年平均发电量 $\overline{E^*_{\mathrm{Total}}}$ 最大值在 $\gamma=0$ 处取得，且发电量可计算为

$$\overline{E^*_{\mathrm{Total}}} = 7.55 + \lambda_2\left\{1 - \frac{198.2^{0.1361}}{[198.2-(1-\gamma)\Delta V_{\mathrm{Total}}]^{0.1361}}\right\} \tag{4.33}$$

其中
$$\lambda_2 = 14.81\ 亿\ \mathrm{kW\cdot h}$$

如图 4.12 所示为潘口—丹江口两库串联子系统的应用结果，图中横坐标代表的是该库群子系统夏汛期总防洪库容增量 $\Delta V_{\mathrm{Total}}$，纵坐标代表的是该库群子系统夏汛期多年平均总发电量 $\overline{E^*_{\mathrm{Total}}}$。根据图 4.12 分析可知，若水库群系统的夏汛期总防洪库容考虑增加 $\Delta V_{\mathrm{Total}}$，则建议将此防洪库容增量全部分配到下游丹江口水库，在此方案下水库群系统夏汛期多年平均总发电量的损失幅度是最小的；且图中存在防洪库容分配方案的边界线是由于潘口水库已到达其防洪库容上限值（对应于潘口水库防洪高水位至死水位之间的全部库容均用作防洪库容），其他类似于方案 A1 的结论则不再赘述。

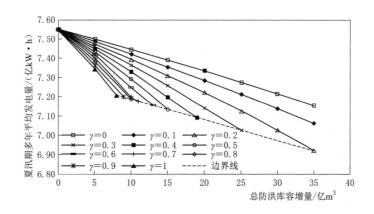

图 4.12　潘口—丹江口两库子系统应用 E 方程

推求防洪库容分配的结果

4.6.3　E 方程在三里坪—丹江口两库并联子系统的应用

三里坪—丹江口水库群系统在夏汛期的总发电量可通过式（4.17）计算，且计算过程中所需的计算参数见表 4.7。根据 4.2 节中假设条件（2）可拟合得到三里坪水库（变量下标为 4）库容曲线的函数表达式分别为 $Z_4 = a_4 S_4^{b_4} = 372.02 S_4^{0.0565}$。将表 4.7 中的参数值代入式（4.17）可推求 E 方程的表达式为

$$\overline{E^*_{\mathrm{Total}}} = 6.38 + \lambda_1\left[1 - \frac{3.48^{0.0565}}{(3.48 - \gamma\Delta V_{\mathrm{Total}})^{0.0565}}\right]$$

$$+\lambda_2\left\{1-\frac{198.2^{0.1361}}{\left[198.2-(1-\gamma)\,\Delta V_{\text{Total}}\right]^{0.1361}}\right\} \tag{4.34}$$

其中
$$\lambda_1=\eta_1\cdot(\overline{W_{\text{IN1}}}-\overline{W_{\text{SP1}}})/T_{\text{H}}\cdot H_1(S_{1,1})=2.87\ \text{亿 kW}\cdot\text{h}$$
$$\lambda_2=14.81\ \text{亿 kW}\cdot\text{h}$$

表 4.7　　　　　　　　　　　三里坪水库的计算参数表

参数名称	η_4	$S_{4,1}$/亿 m^3	$\overline{W_{\text{IN4}}}$/亿 m^3	$\overline{W_{\text{SP4}}}$/亿 m^3	$\overline{E_4}$/(亿 kW·h)
参数值	8.50	3.48	5.43	2.39	0.72

三里坪—丹江口两库子系统 γ 判别式 $K(\gamma)$ 可由式（4.21）计算。当 $\gamma=0$，且 $\Delta V_{\text{Total}}=1\times10^8\,\text{m}^3$ 时，$K(0)=0.0465\text{kW}\cdot\text{h/m}^3$，$K(1)=0.0102\text{kW}\cdot\text{h/m}^3$；而 $\partial E_{\text{Total}}^*/\partial\gamma\,|_{\gamma=0}=-\Delta V_{\text{Total}}\cdot K(\gamma)=-0.0363$ 亿 $\text{kW}\cdot\text{h}<0$。因此，结合 $\partial^2 E_{\text{Total}}^*/\partial\gamma^2<0$ 和 $\partial E_{\text{Total}}^*/\partial\Delta V_{\text{Total}}<0$，可推求水库群系统夏汛期多年平均总发电量 $\overline{E_{\text{Total}}^*}$ 最大值在 $\gamma=0$ 处取得，且发电量可用计算为

$$\overline{E_{\text{Total}}^*}=6.38+\lambda_2\left\{1-\frac{198.2^{0.1361}}{\left[198.2-(1-\gamma)\Delta V_{\text{Total}}\right]^{0.1361}}\right\} \tag{4.35}$$

其中
$$\lambda_2=14.81\ \text{亿 kW}\cdot\text{h}$$

该结果可以得到如下结论：若三里坪—丹江口两库并联子系统的夏汛期总防洪库容考虑增加 ΔV_{Total}，则建议将此防洪库容全部分配到丹江口水库，在此方案下水库群系统夏汛期总发电量的损失幅度是最小的。

图 4.13 所示为三里坪—丹江口两库并联子系统的应用结果，图中横坐标代表的是该库群子系统夏汛期总防洪库容增量 ΔV_{Total}，纵坐标代表的是该库群子系统夏汛

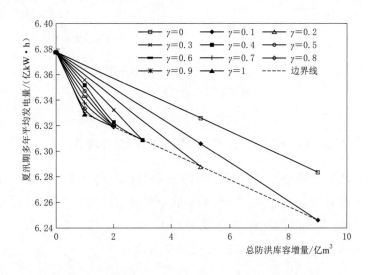

图 4.13　三里坪—丹江口两库子系统应用 E 方程推求防洪库容分配的结果

期多年平均总发电量$\overline{E_{\text{Total}}^{*}}$。根据图 4.13 分析，可得到与方案 A1 相似的 3 点结论，且图中存在防洪库容分配方案的边界线是由于三里坪水库已到达其防洪库容上限值（对应于三里坪水库防洪高水位至死水位之间的全部库容均用作防洪库容），其他相同的结论则不再赘述。

4.6.4　E 方程在鸭河口—丹江口两库并联子系统的应用

鸭河口—丹江口水库群系统在夏汛期的总发电量可通过式（4.17）计算，且计算过程中所需的计算参数见表 4.8。根据 4.2 节中假设条件（2）可拟合得到鸭河口水库（变量下标为 5）库容曲线的函数表达式分别为 $Z_5 = a_5 S_5^{b_5} = 163.92 S_5^{0.0336}$。将表 4.8 中的参数值代入式（4.17）可推求 E 方程的表达式为

$$\overline{E_{\text{Total}}^{*}} = 5.72 + \lambda_5 \left[1 - \frac{7.20^{0.0336}}{(7.20 - \gamma \Delta V_{\text{Total}})^{0.0336}} \right]$$
$$+ \lambda_2 \left\{ 1 - \frac{198.2^{0.1361}}{[198.2 - (1-\gamma)\Delta V_{\text{Total}}]^{0.1361}} \right\} \quad (4.36)$$

其中
$$\lambda_5 = \eta_5 \cdot (\overline{W_{\text{IN5}}} - \overline{W_{\text{SP5}}})/T_{\text{H}} \cdot H_5(S_{5,1}) = 2.15 \text{ 亿 kW·h}$$
$$\lambda_2 = 14.81 \text{ 亿 kW·h}$$

表 4.8　　　　　　　　　　　　鸭河口水库的计算参数表

参数名称	η_5	$S_{5,1}/亿\ m^3$	$\overline{W_{\text{IN5}}}/亿\ m^3$	$\overline{W_{\text{SP5}}}/亿\ m^3$	$\overline{E_5}/(亿\ kW·h)$
参数值	8.50	7.20	8.39	3.20	0.06

鸭河口—丹江口两库子系统 γ 判别式 $K(\gamma)$ 可由式（4.21）计算。当 $\gamma = 0$，且 $\Delta V_{\text{Total}} = 1$ 亿 m^3 时，$K(0) = 0.01 kW·h/m^3$，$K(1) = 0.0102 kW·h/m^3$；且 $\partial(E_{\text{Total}}^{*})/\partial\gamma|_{\gamma=0} = -\Delta V_{\text{Total}} \cdot K(\gamma) = -0.0002$ 亿 kW·h<0，则根据 4.4.3 节中的判别方法第（1）点可知，$\overline{E_{\text{Total}}^{*}}$ 的最大值在 $\gamma = 0$ 处取得，且发电量可用计算为

$$\overline{E_{\text{Total}}^{*}} = 5.72 + \lambda_5 \left[1 - \frac{7.20^{0.0336}}{(7.20 - \gamma \Delta V_{\text{Total}})^{0.0336}} \right] \quad (4.37)$$

其中
$$\lambda_2 = 14.81 \text{ 亿 kW·h}$$

该结果可得到如下结论：若鸭河口—丹江口两库并联子系统的夏汛期总防洪库容考虑增加 ΔV_{Total}，则建议将此防洪库容全部分配到丹江口水库，在此方案下水库群系统夏汛期多年平均总发电量的损失幅度是最小的。

鸭河口—丹江口两库并联子系统的应用结果如图 4.14 所示，图中横坐标代表的是该库群子系统夏汛期总防洪库容增量 ΔV_{Total}，纵坐标代表的是该库群子系统夏汛期多年平均总发电量$\overline{E_{\text{Total}}^{*}}$。根据图 4.14 分析，可得到与方案 A1 相似的 3 点结论，故不再赘述。

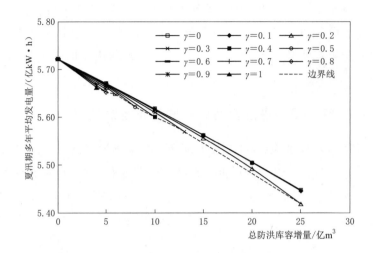

图 4.14　鸭河口—丹江口两库子系统应用 E 方程

推求防洪库容分配的结果

4.6.5　E 方程在安康—潘口和三里坪—鸭河口两库并联子系统的应用

鉴于各水库的基本参数在 4.6.1～4.6.4 节中均有给定，故此小节直接展示计算结果和研究结论。

（1）安康—潘口两库并联子系统的应用结果。图 4.15 为安康—潘口两库并联子系统的应用结果，图中横坐标代表的是该库群子系统夏汛期总防洪库容增量 ΔV_{Total}，纵坐标代表的是该库群子系统夏汛期多年平均总发电量 $\overline{E_{\text{Total}}}$。

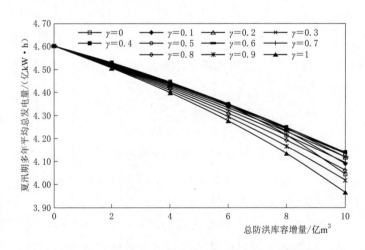

图 4.15　安康—潘口两库并联子系统应用 E 方程

推求防洪库容分配的结果

　　根据图 4.16 所示，随着水库群系统夏汛期总防洪库容增量 ΔV_{Total} 的增大，库容分配比例系数 γ 的值从 0 逐步增加最后趋近于 0.40。因此，满足条件使得 E_{Total} 值最大的 γ 值会随着 ΔV_{Total} 的变化而有所不同，但变化范围为 0~0.40。结合图 4.15 和图 4.16 综合分析，安康—潘口两库系统库容优化分配的结论是：当 ΔV_{Total} 的值在 0~3 亿 m³ 时，γ 的值可建议取为 0；当 ΔV_{Total} 的值在 4 亿~10 亿 m³ 时，γ 的值建议在 0.10~0.40 取值。

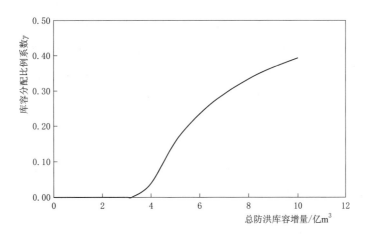

图 4.16　安康—潘口两库子系统中 γ 值
与总防洪库容增量的关系

　　（2）三里坪—鸭河口两库并联子系统的应用结果。图 4.17 为三里坪—鸭河口两库并联子系统的应用结果，图中横坐标代表的是该库群子系统夏汛期总防洪库容增量 ΔV_{Total}，纵坐标代表的是该库群子系统夏汛期多年平均总发电量 $\overline{E_{\text{Total}}^{*}}$；如若三里

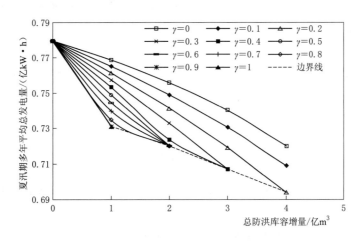

图 4.17　三里坪—鸭河口两库子系统应用 E 方程推求防洪库容分配的结果

坪—鸭河口两库系统中存在新增的总防洪库容，则建议将该库容全部分配到鸭河口水库从而使得该子系统夏汛期多年平均总发电量最大。

4.7 本章小结

本章节针对水库群防洪库容分配规则问题开展研究。首先，给定一个库容变化量，构建单库系统的能量方程（E 方程），用于表征水库的发电量与库容变化量之间的关系。其次，将能量方程（E 方程）由单库系统延伸到水库群系统，并以两库系统为例，构建库群系统总发电量与总库容变化量 ΔV_{Total}、各水库间库容分配比例系数 γ 之间的数学关系式；解析推导出可应用于指导库群系统库容优化分配的比例系数判别式。最后，以安康—丹江口两库系统、汉江流域五库系统为例开展实例研究，直接采用 E 方程计算库群系统总发电量，并根据比例系数判别式寻求库容联合调度最优决策；将 E 方程应用结果与基于常规发电调度的数值模拟结果相对比，验证 E 方程计算库群系统总发电量的准确度以及比例系数判别式的合理性。研究结论如下：

（1）将采用 E 方程计算的水库群总发电量结果与基于常规发电调度的数值模拟结果进行对比可知，E 方程可较精确地估计水库的总发电量。而且，如果两库群系统中两个水库之间的库容量级差异不大时，E 方程也可以表达为水库群系统总库容绝对值（而不是总库容变化量 ΔV_{Total}）以及两水库库容比例系数这两个变量的函数表达式。

（2）结合库容分配比例系数判别式，可简单直观地推求两水库组成的库群系统中以总发电量最大为目标函数的库容分配优化策略，且库容分配比例系数 γ 可在 $0\sim1$ 取值。当研究时段 T 足够小的时候，比例系数判别式方法可应用于水库群系统在判别蓄水期或者消落期阶段两个水库的蓄放水次序；当研究时段 T 为汛期阶段（整个汛期调度时段）时，比例系数判别式方法可应用于推求水库群系统中，以系统总发电量最大为目标函数，两水库防洪库容分配的优化问题。

1）根据安康—丹江口两库系统和汉江流域五库群系统为研究案例分析可知，安康水库/潘口水库/三里坪水库/鸭河口水库和丹江口水库两两组合系统中的库容分配比例均为 0：1，即相对于水库群系统防洪库容的现状设计方案，若库群夏汛期总防洪库容存在一个增量 ΔV_{Total}，则建议将此防洪库容增量全部分配到丹江口水库，在此方案下水库群系统总发电量是最大化的。

2）根据汉江流域五库系统中的安康—潘口两库子系统的夏汛期研究结果可知，随着总防洪库容增量 ΔV_{Total} 由 0 增加到 10 亿 m^3 时，安康水库和潘口水库的库容分配比例系数在 $0\sim0.4$ 变化。

3）根据汉江流域五库系统中的三里坪—鸭河口两库子系统的夏汛期研究结果可知，三里坪水库和鸭河口水库的库容分配比例为 0：1。

（3）通过研究实例一的拓展讨论（4.5.3节）和研究实例二的汉江五库系统的研究结果可知，水库群系统中防洪库容优化分配结果与各水库间库容量级差异、入库洪量比例等因素均有关联。

（4）本章节所推导的基于库容分配比例系数的水库群系统库容分配规则仅考虑发电效益单一目标，故该库容分配规则并未直接考虑防洪风险约束；但可结合第二章中水库群防洪库容联合设计可行区间的研究成果作为防洪安全的边界条件，或类似本章节4.5.2节中根据水库常规防洪调度结果判别库容分配方案是否满足水库群系统现状防洪标准。

参考文献

［1］ Lund J R，Guzman J. Derived operating rules for reservoirs in series or in parallel ［J］. Journal of Water Resources Planning and Management，1999，125（3）：143－153.

［2］ Mohammadzadeh – Habili J，Heidarpour M. New empirical method for prediction of sediment distribution in reservoirs ［J］. Journal of Hydrologic Engineering，2010，15（10）：813－821.

［3］ Zhao T，Zhao J，Liu P，et al. Evaluating the marginal utility principle for long – term hydropower scheduling ［J］. Energy Conversion and Management，2015，106：213－223.

［4］ 黄强，苗隆德，王增发. 水库调度中的风险分析及决策方法 ［J］. 西安理工大学学报，1999，15（4）：6－10.

［5］ 周丽伟. 水库群防洪库容高效利用相关问题研究 ［D］. 武汉：华中科技大学，2019.

第 5 章

基于两阶段风险分析的水库群汛期运行水位动态控制

5.1 引言

水库汛期运行水位动态控制研究属于实时调度运行层面的问题，其研究目的在于兼顾考虑未来预见期内的降雨、洪水预报信息和水库当前的库容状态，以不降低水库系统的防洪标准为前提寻求兴利效益最大化为目标函数，构建实时优化调度模型用于指导未来调度时段内水库库容变化或出流决策。但水文预报信息不确定性的客观存在会导致潜在风险事件的发生（例如，径流预报低估了实际的入库径流量），因此，水库汛期运行水位实时优化调度模型的构建必须考虑风险因素的识别、评估分析。目前，由于水库群系统中各水库存在水文水力联系、不同水库滞时情况差异、不同水库预见期长度和精度不匹配等问题，复杂水库群系统实时优化调度模型及其风险分析研究仍存在较大的探索空间。除此之外，已有研究在分析水库群系统汛期运行水位实时调度运行中的风险因素仅考虑了预见期以内的不确定性。

针对单库系统，Liu 等（2015）提出了一种两阶段水库实时调度风险定量计算方法，该方法将未来调度时期划分为预见期以内和预见期以外两个阶段，既考虑了预见期以内的水文预报不确定性，又考虑了预见期末水位过高所带来的潜在决策风险。而且，两阶段思想由于建立了预见期和整个未来调度时期之间的关联性，在实时调度范畴已得到不少应用。本章节的研究目的在于将两阶段思想引入水库群系统的汛期运行水位实时调度及风险分析研究，且考虑了不同水库间预见期长度和精度不匹配的问题。

本章节针对水库群汛期运行水位动态控制开展如下研究：

（1）将整个汛期调度时期根据预见期划分为预见期以内和预见期以外两个阶段，提出一种水库群两阶段风险率计算方法。

（2）将所提出的两阶段风险率计算作为防洪约束条件，构建以发电量最大为目标函数的水库群汛期运行水位实时优化调度模型。

（3）采用蒙特卡罗随机模拟法验证两阶段风险率计算方法的准确性。

（4）将所提出的水库群汛期运行水位实时优化调度模型应用到汉江流域水库群系统中，求解得出库群系统调度时期的动态最优决策过程，实现水库群汛期运行水位动态控制。

本章节的技术路线如图 5.1 所示。

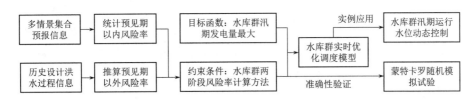

图 5.1　基于两阶段风险分析的水库群汛期运行水位动态控制技术路线图

5.2　基于两阶段的水库群防洪风险计算方法

本研究拟提出可应用于水库群系统的两阶段洪水风险识别方法，但由于水库群间各水库的水文预报信息精度不同、预见期长短不匹配、水库间河道洪水演进滞时、水库调节性能和水面线特性等存在差异会导致水库群预报调度信息综合利用有一定的难度。图 5.2 所示为两水库组成的梯级水库群系统，两水库的预见期长短不匹配，因此，在这种情境下如何应用基于两阶段的洪水风险识别方法是本研究所关注的关键问题。

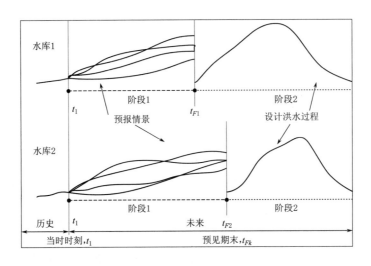

图 5.2　基于两阶段的两水库洪水风险识别示意图

预见期以内（阶段 1）的防洪风险可通过统计若干组径流预报过程中水库发生洪水风险的次数所占的比例来计算风险率，预见期以外（阶段 2）的防洪风险则通过对水库设计洪水进行调洪演算来推求，而水库总防洪风险则由这两个阶段的风险耦合计算。该研究思路的创新点在于不仅考虑了预见期以内的防洪风险，同时考虑了预见期以外时段的防洪风险。需要说明的是，针对水库群系统中各水库预见期长度不匹配的问题，已有研究采用的做法是"取短"，即依据预见期长度最短的水库，截取使用其他水库的部分预报信息，以寻求各水库实际利用的预报信息长度一致，但该研究思路中存在部分水库的预报信息未能得到完全利用的局限性。本章所提出的水库群两阶段风险率计算方法根据存在水力联系的相邻水库之间预见期长度的差异，选择相应的不同起始时刻的典型设计洪水过程，也就是相邻水库设计洪水过程开始的时间间隔应与预见期长度的差异相匹配，从而实现各水库不同预见期长度信息的充分利用。

5.2.1　预见期以内防洪风险

若水库出库流量超过下游允许泄量这一阈值，或者水库上游水位超过水位阈值，则可将此事件定义为水库防洪风险的发生。因此，定义预见期内水库防洪风险率有两种方式，以下游允许泄量作为阈值判断或以水库上游水位阈值作为判别条件。基于若干组径流预报情景，预见期以内的水库群防洪风险计算为

$$R_{S1} = P\Big[\bigcup_{k=1}^{n}(r^k > threshold_k)\Big]$$

$$= P\left\{\bigcup_{k=1}^{n}\left[\frac{\sum_{i_k=1}^{M_k}\#(r_{i_k,t}^k > threshold_k, \forall t=t_1,t_2,\cdots,t_{F_k})}{M_k}\right]\right\} \tag{5.1}$$

$$\#(r_{i,t}^k > threshold_k, \forall t=t_1,t_2,\cdots,t_{F_k}) = \begin{cases} 1, r_{i,t}^k > threshold_k, \forall t=t_1,t_2,\cdots,t_{F_k} \\ 0, 其他 \end{cases}$$

$$\tag{5.2}$$

式中　　n——水库群系统中水库个数；

　　　　M_k——第 k 个水库径流预报过程的情景个数（$k=1, 2, \cdots, n$）；

$threshold_k$——第 k 个水库风险事件发生与否的判断阈值（即水库下游允许泄量值 Q_{ck} 或者水库上游水位阈值 Z_{ck}）；

　　　　t_{F_k}——水库预见期长度。

$\#(r_{i,t}^k > threshold_k, \forall t=t_1, t_2, \cdots, t_{F_k})$ 为第 i 个情景的二项式分布，即如果第 k 个水库的第 i 个径流预报情景存在任意时刻的 $r_{i,t}^k$（水库下游泄量 $Q_{i,t}^k$ 或者水库上游

水位 $Z_{i,t}^k$)超过相应的阈值，则该式的值取为 1，否则该式的值取为 0（即使同一情景内洪水风险事件发生次数多于一次，该式的值仍取为 1）

$\sum_{i_k=1}^{M_k} \# (r_{i_k,t}^k > threshold_k, \ \forall t = t_1, t_2, \cdots, t_{F_k})$ 为统计发生 $r_{i,t}^k$ 超过阈值 $threshold_k$ 情景数。

5.2.2 预见期以外防洪风险

预见期以外（阶段 2）为预见期以外的未来调度时段，该阶段的水库防洪风险虽然难以估计，但仍应考虑在水库总防洪风险计算之内。本研究中采用对设计洪水进行调洪演算的方法来计算预见期以外的水库群防洪风险，如图 5.2 所示。假设第 k 个水库在预见期末 t_{F_k} 时刻的水库水位 $Z_{i_k,t_{F_k}}^k$ 值与预见期以外调度时段内即将发生的洪水事件独立。预见期以外的水库群防洪风险率为

$$R_{S2} = \sum_{i_n=1}^{i_n=M_n} \sum_{i_{n-1}=1}^{i_{n-1}=M_{n-1}} \cdots \sum_{i_1=1}^{i_1=M_1} R(Z_{i_1,t_{F_1}}^1, Z_{i_2,t_{F_2}}^2, \cdots, Z_{i_n,t_{F_n}}^n) P(Z_{i_1,t_{F_1}}^1, Z_{i_2,t_{F_2}}^2, \cdots, Z_{i_n,t_{F_n}}^n)$$

$$= \frac{\sum_{i_n=1}^{i_n=M_n} \sum_{i_{n-1}=1}^{i_{n-1}=M_{n-1}} \cdots \sum_{i_1=1}^{i_1=M_1} R(Z_{i_1,t_{F_1}}^1, Z_{i_2,t_{F_2}}^2, \cdots, Z_{i_n,t_{F_n}}^n)}{\prod_{k=1}^n M_k} \quad (5.3)$$

式中 $Z_{i_k,t_{F_k}}^k$——第 k 个水库在第 i 个径流预报情景的预见期末 t_{F_k} 时刻的水库水位；

$P(Z_{i_1,t_{F_1}}^1, Z_{i_2,t_{F_2}}^2, \cdots, Z_{i_n,t_{F_n}}^n)$——系统中各水库预见期末水位组合为 $Z_{i_1,t_{F_1}}^1, Z_{i_2,t_{F_2}}^2, \cdots, Z_{i_n,t_{F_n}}^n$ 的概率，且 $P(Z_{i_1,t_{F_1}}^1, Z_{i_2,t_{F_2}}^2, \cdots, Z_{i_n,t_{F_n}}^n)$ 的取值通常可取为等概率 $1/\prod_{k=1}^n M_k$，即将各水库预见期末水位组合情景均视为等概率事件；

$R(Z_{i_1,t_{F_1}}^1, Z_{i_2,t_{F_2}}^2, \cdots, Z_{i_n,t_{F_n}}^n)$——以水库水位组合 $Z_{i_1,t_{F_1}}^1, Z_{i_2,t_{F_2}}^2, \cdots, Z_{i_n,t_{F_n}}^n$ 起调、恰好水库群发生防洪风险事件的洪水概率，可通过水库调洪演算获得。

5.2.3 水库群总防洪风险

水库群总防洪风险率为预见期以内和预见期以外两阶段防洪风险率的耦合，则水库群总防洪风险率为

$$R_{TS} = R_{S1} + P(R_{S2} \mid \overline{R}_{S1})$$

$$= P\left(\bigcup_{k=1}^{n}\left[\frac{\displaystyle\sum_{i_k=1, i_k \in T_k}^{M_k} \#\left(r_{i_k,t}^{k} > threshold_k, \forall\, t = t_1, t_2, \cdots, t_{F_k}\right)}{M_k}\right]\right)$$

$$+ \frac{\displaystyle\sum_{i_n=1, i_n \notin T_n}^{i_n=M_n} \sum_{i_{n-1}=1, i_{n-1} \notin T_{n-1}}^{i_{n-1}=M_{n-1}} \cdots \sum_{i_1=1, i_1 \notin T_1}^{i_1=M_1} R\left(Z_{i_1,t_{F_1}}^{1}, Z_{i_2,t_{F_2}}^{2}, \cdots, Z_{i_n,t_{F_n}}^{n}\right)}{\displaystyle\prod_{k=1}^{n} M_k} \tag{5.4}$$

式中 T_k——第 i 个水库在预见期以内发生防洪风险事件（即水库下游泄量 $Q_{i,t}^{k}$ 或者水库上游水位 $Z_{i,t}^{k}$ 超过相应的阈值）的径流预报情景集合。

需要说明的是，上述所提出的水库群两阶段防洪风险率计算尺度是年尺度内防洪风险事件，且与水库自身的防洪标准有关（如预见期以外的水库防洪风险计算），因此，将上述水库群总防洪风险率的计算方法应用于水库调度过程中应以水库群自身的防洪标准作为水库群防洪风险率的约束上限值。

5.3 两阶段水库群实时优化调度模型

将所提出的水库群两阶段风险率作为防洪约束条件，可应用于建立水库群实时优化调度模型。通过结合预报—滚动思路，在更新预报信息的同时，不断更新水库群的最优调度决策：若当前的时刻为 t_0，求解所建立的水库群实时优化调度模型可推求库群系统预见期以内的最优调度决策；当调度时段向前滚动一个单位时间间隔 Δt 而移动到下一时刻 t_1 时，t_0 时所推求的最优调度决策被执行了一个步长 Δt，并推求当前时刻对应未来预见期以内的最优调度决策；依次推进到整个调度期末。

5.3.1 目标函数

水库群系统实时优化调度模型的目标函数为发电量最大，即

$$\max \quad E_{\text{Total}} = \sum_{k=1}^{n} E_k\left(V_{t_1}^{k}, V_{t_2}^{k}, \cdots, V_{t_{F_k}}^{k}\right) \tag{5.5}$$

式中 V_t^k——第 k 个水库在预见期末 t_{F_k} 的水库库容值（$t = t_1, t_2, \cdots, t_{F_k}$）；

$E_k(\cdot)$——第 k 个水库在预见期内的发电量；

E_{Total}——水库群系统的总发电量。

5.3.2 约束条件

（1）两阶段风险率约束。

$$R_{\text{TS}} \leqslant R_{\text{accepted}} \tag{5.6}$$

式中　$R_{accepted}$——水库群系统的防洪标准。

（2）库容约束。

$$V_{min}^k \leqslant V_t^k \leqslant V_{max}^k \tag{5.7}$$

式中　V_{min}^k，V_{max}^k——第 k 个水库在汛期调度期内的库容下限和上限值。

（3）泄流能力约束。

$$Q_t^k \leqslant Q_{max}^k(Z_t^k) \tag{5.8}$$

式中　$Q_{max}^k(Z_t^k)$——第 k 个水库在时刻 t 库水位 Z_t^k 为所对应的最大下泄能力。

（4）河道洪水演算。

$$I_t^k = f(Q_t^{k-1}) + O_t^k \tag{5.9}$$

式中　$f(\cdot)$——上下游间的河道演算方程；

　　　　O_t^k——第 $k-1$ 个水库和第 k 个水库之间的区间入流（$k = 2, \cdots, n$）。

（5）流量变幅约束。

$$|Q_t^k - Q_{t-1}^k| \leqslant \Delta Q_m^k \tag{5.10}$$

式中　ΔQ_m^k——第 k 个水库允许的最大流量变幅。

5.4　基于蒙特卡罗随机模拟验证两阶段风险率计算方法

　　蒙特卡罗随机模拟方法简单易操作，广泛被应用于数值试验中生成大量的随机输入样本数据。本小节基于蒙特卡罗方法提出验证水库群两阶段风险率计算方法可行性的研究思路如图 5.3 所示。思路框图具体可分为两个步骤：①水库群系统随机入库径流情景的产生；②与传统风险统计方法对比验证两阶段水库群风险率的可行性。

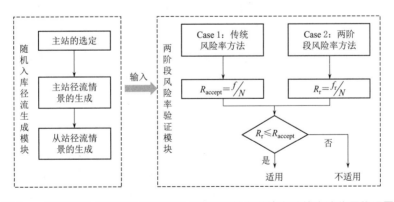

图 5.3　基于蒙特卡罗随机模拟验证水库群两阶段风险率计算方法的思路框图

5.4.1　随机入库径流情景的产生

　　针对水库群系统，采用一种多站径流随机模拟的方法产生各水库的入库径流情景，步骤如下：

（1）主站的选定。对于需要开展多站径流随机模拟的系统，主站是需要首先确定的，而主站一般应选取水库群系统中具有较大流域控制面积的站点，通常是水库群系统下游的主要防洪控制站点；水库群系统中除主站以外的站点都统称为从站。

（2）主站径流情景的生成。具体的步骤为：首先根据主站的频率分布特征参数，随机生成 N 组洪峰或者洪量设计值；然后从主站的历史径流中随机抽样相应的 N 组典型洪水过程，根据给定的 N 组洪峰或者洪量设计值生成设计洪水过程情景作为主站的 N 组径流情景。

主站的 N 组径流情景的生成方法跟推求设计洪水过程的思路相似，本小节采用常用的同倍比放大方法。主站在第 j 个情景中的放大倍比系数 $K_{\text{main},j}$ 为

$$K_{\text{main},j} = \frac{W_j^{\text{D}}}{W_j^{\text{O}}} \tag{5.11}$$

式中 W_j^{D}——第 j 个情景最大 x 日设计洪量值；

        W_j^{O}——第 j 个情景最大 x 日典型洪量值。

（3）从站径流情景的生成。为考虑水库群系统中各水库入库径流之间的遭遇关系，从站选取相应于主站抽样的 N 组典型洪水过程，如主站若抽样出 1978 年洪水过程，则从站也应挑选 1978 年的径流资料作为径流输入情景；然后采用相同的方法推求设计洪水径流情景过程。

5.4.2 两阶段水库群风险率的验证思路

设置两个对比方案用于验证上述提出的水库群两阶段洪水风险率方法。

（1）Case 1：传统风险统计方法。径流情景为 N 组，常规调度过程中水库发生防洪风险的失事次数为 f 次。因此，传统风险统计方法计算的洪水风险率为 f/N，需要说明的是该风险率应该与水库群系统的防洪标准相匹配，记为 $R_{\text{accept}} = f/N \times 100\%$。

（2）Case 2：水库群两阶段风险率计算方法。根据式（5.1）～式（5.4）可计算基于两阶段的水库群洪水风险率，若将根据两阶段洪水风险率约束开展的调度过程（如以两阶段洪水风险率为约束推求水库调度决策，即构建如 5.3 节所描述的水库群实时防洪调度模型）中水库发生防洪风险的失事次数为 f_r 次，则水库群调度实际洪水风险率为 $R_r = f_r/N \times 100\%$。

若 $R_r \leqslant R_{\text{accepted}}$，则所提出的水库群两阶段洪水风险率计算方法是适用的，因为依据水库群两阶段洪水风险率约束所作出的调度决策没有增加水库群系统的风险，换言之，基于两阶段的水库群洪水风险率计算方法没有低估风险。

5.4.3 验证结果

在安康—丹江口水库群系统中，选取流域下游防洪控制点皇庄站为主站点，安康水库和丹江口水库则分别命名为从站1和从站2[5.4.1步骤（1）]。随机模拟的径流情景数设置为$N=10000$，从皇庄站的频率曲线中随机抽样典型年洪水过程，选取最大7日洪量值推求放大倍比系数[5.4.1步骤（2）]。然后，以皇庄站最大7日洪量作为放大倍比系数的基准，以流域面积比确定从站安康水库、丹江口水库以及丹—皇区间径流的放大倍比系数[式（5.12）]，推求水库群系统各从站的设计洪水过程[5.4.1步骤（3）]。表5.1为径流情景随机模拟的统计参数和相对误差结果。

表5.1 径流情景随机模拟的统计参数和相对误差

站　　点	统计参数	实测系列	模拟系列	相对误差/%
皇庄站（主站）	均值/亿 m³	60.4	56.0	−7.28
	C_V	0.600	0.595	−0.83
	C_S	1.200	1.186	−1.13
安康水库	均值/亿 m³	16.0	14.8	−7.50
	C_V	0.770	0.760	−1.30
	C_S	1.848	1.580	−14.50
丹江口水库	均值/亿 m³	37.5	33.6	−10.40
	C_V	0.720	0.643	−10.68
	C_S	1.440	1.460	1.39
丹—皇区间入流	均值/亿 m³	13.0	11.1	−14.62
	C_V	0.980	0.969	−1.12
	C_S	1.960	2.050	4.59

$$K_j = K_{HZ} \cdot \frac{A_j}{A_{HZ}} \tag{5.12}$$

式中　K_{HZ}——皇庄站最大7日洪量放大倍比系数；

A_{HZ}——皇庄站对应的流域控制面积；

A_j——从站j对应的流域控制面积；

K_j——从站j对应的放大倍比系数。

在传统风险统计方法（Case 1）中，$R_{accepted}$经统计为$f/N=100/10000=1\%$[5.4.2步骤（1）]，本章中依据安康—丹江口两库系统的防洪标准选取可接受洪水风险为1%；而基于两阶段风险率计算方法（Case 2）可推求得到$R_r=f_r/N=97/10000=0.97\%$[5.4.2步骤（2）]。因此，$R_r \leqslant R_{accepted}$，说明通过水库群两阶段洪水风险率计算方法作为约束条件所做出的调度决策并没有增加系统的洪水风险[5.4.2步骤（3）]。

5.5 研究实例——安康—丹江口两库系统

5.5.1 预见期内径流情景的产生

由于径流资料长度有限、预报模型存在结构误差、参数不确定性等因素，径流情景预报均存在一定的不确定性，而本章节的侧重点在于水库群两阶段风险率思想的提出。因此，预见期以内的径流情景直接采用一种简单的径流情景生成方法，具体思路如下：①假设入库径流的预报相对误差为 ε，且 ε 服从正态分布 $\varepsilon \sim N(\mu, \sigma^2)$，通常该分布中的均值 μ 取值为 0，预报情景相对误差主要取决于方差 σ^2；②在水库群系统的长系列径流资料中随机抽样选取水库的入库实测径流过程为基准，实测径流量为 Q_{ob}；③预报径流情景则可以通过在实测历史径流过程叠加预报相对误差来生成，即 $Q_f = Q_{ob} \times (1+\varepsilon)$。

以安康—丹江口水库群系统为例，安康水库的 6h 入库预报相对误差为 $\sigma^2_{AK} = 0.038$，丹江口水库的 12h 入库预报相对误差为 $\sigma^2_{DJK} = 0.021$。

5.5.2 预见期以外风险率的计算

针对安康—丹江口水库群系统，预见期以外的风险率计算式［式（5.3）］可简化为

$$R_{S2} = \sum_{i_z=1}^{i_z=M_2} \sum_{i_1=1}^{i_1=M_1} R(Z^1_{i_1, t_{F_1}}, Z^2_{i_2, t_{F_2}}) P(Z^1_{i_1, t_{F_1}}, Z^2_{i_2, t_{F_2}})$$

$$= \frac{\sum_{i_z=1}^{i_z=M_2} \sum_{i_1=1}^{i_1=M_1} R(Z^1_{i_1, t_{F_1}}, Z^2_{i_2, t_{F_2}})}{M_1 M_2} \tag{5.13}$$

式中　　　M_1——安康水库的径流情景数；

M_2——丹江口水库的径流情景数（本章中设置 $M_1 = M_2 = 100$，即水库群系统的总情景数为 10000）；

$Z^1_{i_1, t_{F_1}}$ 和 $Z^2_{i_2, t_{F_2}}$——安康水库、丹江口水库在预见期末的水库水位；

$R(Z^1_{i_1, t_{F_1}}, Z^2_{i_2, t_{F_2}})$——可通过对水库群系统设计洪水进行调洪演算推求得到。

如图 5.4 所示，为了降低实时防洪调度模型的计算量，R_{S2} 与安康水库、丹江口水库预见期末水位组合 $(Z^1_{i_1, t_{F_1}}, Z^2_{i_2, t_{F_2}})$ 的关系是预先计算储存的；安康水库预见期末水位值的变幅范围为 305.00～330.00m，而丹江口水库预见期末水位值的变幅范围为 155.00～170.00m。

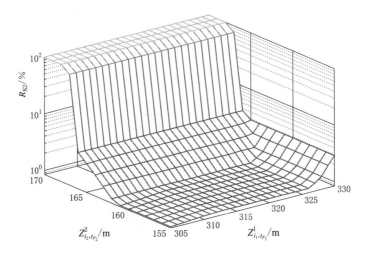

图 5.4 水库群系统预见期以外风险率与预见期末水库水位关系

5.5.3 实时优化调度结果

将所提出的两阶段洪水风险率计算方法应用于水库群汛期运行水位动态控制中，以发电量最大为目标函数，将水库群两阶段风险率计算作为防洪约束条件去优化调度决策。随着预报信息的更新，调度决策亦可滚动更新，如图 5.5 所示即为安康水库在 2010 年 7 月 24 日 9：00—16：00 的实时防洪调度决策过程。若当前时刻为 8：00，根据所提出的水库群汛期运行水位实时优化调度模型可给出未来 6h 时段（9：00—14：00）的优化决策过程（图 5.5 中 t＝9：00AM 系列）；若更新 9：00 为新的当前时刻，则实时优化模型提供未来 6h 时段（10：00—15：00）的优化决策过程（图 5.5

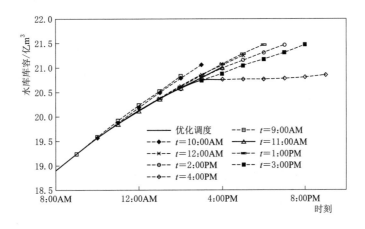

图 5.5 安康水库 2010 年 7 月 24 日 09：00—16：00 实时防洪调度决策过程

中 $t = 10$：00AM 系列），上一阶段中给出的未来 6h 时段决策过程仅 $t = 9$：00AM 时刻的决策状态被执行，依次滚动更新。

表 5.2 和图 5.6 为常规调度方案和实时优化调度方案的调度结果对比。如表 5.2 所示，实时优化调度方案可在不增加防洪风险的基础上提高安康—丹江口水库群系统夏汛期的发电量。如图 5.6 所示，实时优化调度方案中，当来水量较小时，通过给出增大出流的调度决策来增加发电量（如 2010 年 6 月 21 日—7 月 16 日或 2010 年 7 月 31 日—8 月 20 日）；而当来水较大时，通过增加水库发电水头（水库水位）的调度决策来增加发电量（如 2010 年 7 月 16—31 日）。

表 5.2 安康—丹江口水库系统 2010 年洪水的调度方案指标对比

指 标	常规调度方案	优化调度方案	阈 值
发电量/(亿 kW·h)	13.47	15.73	—
安康水库坝前最高水位/m	326.97	328.46	330.00
安康水库最大下泄流量/(m³/s)	17000	18564	33400
丹江口水库坝前最高水位/m	160.00	161.16	170.60
丹江口水库最大下泄流量/(m³/s)	25057	15287	46800

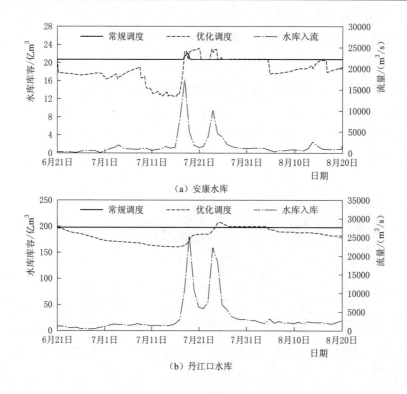

（a）安康水库

（b）丹江口水库

图 5.6 安康—丹江口水库系统 2010 年洪水的调度结果

5.6 研究实例二——汉江流域五库系统

5.6.1 预见期内径流情景产生的方案设置

汉江流域五库系统预见期以内的径流情景生成方式同 5.5.1 节描述，故此处不再详细赘述。5 个水库的预报相对误差采用数据如下：安康水库的 6h 入库预报相对误差为 $\sigma_{AK}^2 = 0.038$，潘口水库的 6h 入库预报相对误差为 $\sigma_{PK}^2 = 0.016$，丹江口水库的 12h 入库预报相对误差为 $\sigma_{DJK}^2 = 0.021$，三里坪水库的 6h 入库预报相对误差为 $\sigma_{SLP}^2 = 0.075$，鸭河口水库的 6h 入库预报相对误差为 $\sigma_{YHK}^2 = 0.040$。

5.6.2 预见期以外风险率计算的方案设置

针对汉江流域五库群系统，预见期以外的风险率可根据式（5.14）开展计算。

$$
\begin{aligned}
R_{S2} &= \sum_{i_5=1}^{i_5=M_5} \sum_{i_4=1}^{i_4=M_4} \cdots \sum_{i_1=1}^{i_1=M_1} R(Z_{i_1,t_{F_1}}^1, Z_{i_2,t_{F_i}}^2, \cdots, Z_{i_5,t_{F_i}}^5) P(Z_{i_1,t_{F_i}}^1, Z_{i_2,t_{F_i}}^2, \cdots, Z_{i_5,t_{F_i}}^5) \\
&= \frac{\displaystyle\sum_{i_5=1}^{i_5=M_5} \sum_{i_4=1}^{i_4=M_4} \cdots \sum_{i_1=1}^{i_1=M_1} R(Z_{i_1,t_{F_i}}^1, Z_{i_2,t_{F_i}}^2, \cdots, Z_{i_5,t_{F_i}}^5)}{M_1 \times M_2 \times M_3 \times M_4 \times M_5}
\end{aligned}
\tag{5.14}
$$

式中　　　　　　　　　　M_1——安康水库的径流情景数；

M_2——潘口水库的径流情景数；

M_3——丹江口水库的径流情景数；

M_4——三里坪水库的径流情景数；

M_5——鸭河口水库的径流情景数（本章中设置 $M_1 = M_2 = M_3 = M_4 = M_5 = 10$，即水库群系统的总情景数为 10^5）；

$Z_{i_1,t_{F_1}}^1$、$Z_{i_2,t_{F_i}}^2$、$Z_{i_1,t_{F_i}}^1$、$Z_{i_2,t_{F_i}}^2$、$Z_{i_2,t_{F_5}}^2$——安康、潘口、丹江口、三里坪和鸭河口水库在预见期末的水库水位；$R(Z_{i_1,t_{F_i}}^1, Z_{i_2,t_{F_i}}^2, \cdots, Z_{i_5,t_{F_5}}^5)$ 可通过对水库群系统的设计洪水进行调洪演算推求得到。

为了降低实时防洪调度模型的计算量，R_{S2} 与汉江流域水库群系统中的 5 个水库预见期末水位（$Z_{i_1,t_{F_1}}^1$，$Z_{i_2,t_{F_2}}^2$，$\cdots$，$Z_{i_5,t_{F_5}}^5$）的组合关系是预先计算储存的；安康水库预见期末水位值的变幅范围为 305.00～330.00m，潘口水库预见期末水位值的变幅范围为 330.00～355.00m，丹江口水库预见期末水位值的变幅范围为 155.00～170.00m，三里坪水库预见期末水位值的变幅范围为 392.00～416.00m，鸭河口水库预见期末水位值的变幅范围为 160.00～177.00m。

5.6.3　水库群系统实时优化调度结果

将所提出的水库群两阶段洪水风险率计算作为防洪约束条件，以发电量最大为目标函数，构建汉江流域五库群系统汛期运行水位实时优化调度模型。表 5.3 和图 5.7 为常规调度方案和实时优化调度方案的调度结果对比。

表 5.3　　　　　　　汉江流域五库系统 2010 年洪水的调度方案指标对比

指　标		常规调度方案	优化调度方案	阈　值
库群系统总发电量/(亿 kW·h)		16.07	18.37	—
安康水库	坝前最高水位/m	326.97	329.95	330.00
	最大下泄流量/(m³/s)	17000	21138	33400
潘口水库	坝前最高水位/m	347.60	347.60	356.65
	最大下泄流量/(m³/s)	3100	4677	12130
丹江口水库	坝前最高水位/m	160.00	161.40	170.60
	最大下泄流量/(m³/s)	25057	18931	46830
三里坪水库	坝前最高水位/m	403.00	403.00	420
	最大下泄流量/(m³/s)	426	1151	5261
鸭河口水库	坝前最高水位/m	175.70	175.70	179.10
	最大下泄流量/(m³/s)	1240	3004	6063

如表 5.3 中，实时优化调度方案可在不增加防洪风险的基础上提高汉江流域五库群系统夏汛期调度时段的总发电量，且五个水库的坝前最高水位、最大下泄流量值在优化调度方案下均未超过相应的阈值。

如图 5.7 所示，实时优化调度方案中各水库的决策表现呈现出如下规律：当来水量较小时，各水库通过给出增大出流的调度决策来增加发电量（如 2010 年 6 月 21 日—7 月 16 日或 2010 年 7 月 31 日—8 月 20 日）；而当来水较大时，各水库通过增加水库发电水头（水库水位）的调度决策来增加发电量（如 2010 年 7 月 16—31 日）。

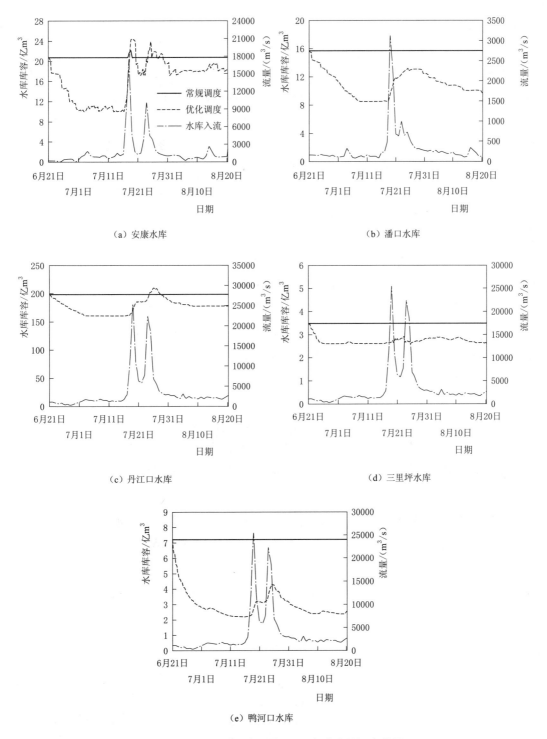

（a）安康水库 　　　　　　　　　　（b）潘口水库

（c）丹江口水库 　　　　　　　　　　（d）三里坪水库

（e）鸭河口水库

图 5.7　汉江流域五库系统 2010 年洪水的调度结果

5.7　本章小结

本章节针对水库群汛期运行水位动态风险控制问题进行探究。首先，将未来汛期调度时段以预见期末为节点划分为预见期以内和预见期以外两个阶段，由此提出一种水库群两阶段风险率计算方法；构建以发电量最大为目标函数，识别的两阶段风险率作为防洪约束条件的水库群实时优化调度模型。其次，通过蒙特卡罗随机模拟方法验证了所提出的水库群两阶段风险率计算方法的准确性。最后，以安康—丹江口两库系统、汉江流域五库系统为例开展实例研究，应用所构建的水库群汛期运行水位实时优化调度模型求解库群系统调度时期的动态最优决策过程，实现了水库群汛期运行水位动态控制。研究结论如下：

（1）水库群两阶段风险率计算方法将未来调度期划分为预见期以内和预见期以外，预见期以内的风险率计算是统计多组预报径流情景在预见期以内的失事概率，预见期以外的风险率是利用历史设计洪水信息进行调洪演算推求得来。因此，水库群两阶段风险计算方法既评估了预见期以内径流预报不确定性所引起的风险，又兼顾考虑了预见期末水位过高难以应对后续洪水的潜在风险。

（2）采用蒙特卡罗随机模拟方法验证了所提出的水库群两阶段风险率计算方法的准确性。

（3）结合安康—丹江口两库系统和汉江流域五库系统的应用结果，根据所构建的基于两阶段风险分析的实时优化调度模型，可求解得出的水库群系统库容动态最优决策过程，且该优化调度模型可在不增加汛期防洪风险的基础上提高水库群系统的发电效益。

以安康—丹江口两库系统（研究实例一）2010 年夏汛期实测径流为例，在不降低防洪标准的前提下，该模型可提高两库系统发电量 2.26 亿 kW·h。以汉江流域五库群系统（研究实例二）2010 年夏汛期实测径流为例，在不降低防洪标准的前提下，该模型可提高库群系统发电量 2.30 亿 kW·h；且相比于安康—丹江口两库系统，汉江流域五库系统提高的发电量空间更大。

参考文献

[1] Becker L, Yeh W W. Optimization of real time operation of a multiple‐reservoir system [J]. Water Resources Research, 1974, 10 (6): 1107-1112.

[2] Bourdin D R, Nipen T N, Stull R B. Reliable probabilistic forecasts from an ensemble reservoir inflow forecasting system [J]. Water Resources Research, 2014, 50 (4): 3108-3130.

[3] Chen J, Zhong P, An R, et al. Risk analysis for real‐time flood control operation of a multi‐reservoir system using a dynamic Bayesian network [J]. Environmental Modelling & Software, 2019,

111：409 - 420.

[4] Chen L，Singh V P，Guo S，et al. Copula - based method for multisite monthly and daily stream-flow simulation [J]. Journal of Hydrology，2015，528：369 - 384.

[5] Deng C，Liu P，Liu Y，et al. Integrated hydrologic and reservoir routing model for real - time water level forecasts [J]. Journal of Hydrologic Engineering，2015，20 (9)：5014032.

[6] Diao Y，Wang B. Scheme optimum selection for dynamic control of reservoir limited water level [J]. Science China Technological Sciences，2011，54 (10)：2605 - 2610.

[7] Kumar D N，Lall U，Petersen M R. Multisite disaggregation of monthly to daily streamflow [J]. Water Resources Research，2000，36 (7)：1823 - 1833.

[8] Li H，Liu P，Guo S，et al. Hybrid two - stage stochastic methods using scenario - based forecasts for reservoir refill operations [J]. Journal of Water Resources Planning and Management，2018，144 (12)：4018080.

[9] Liu P，Li L，Chen G，et al. Parameter uncertainty analysis of reservoir operating rules based on implicit stochastic optimization [J]. Journal of Hydrology，2014，514：102 - 113.

[10] Liu P，Lin K，Wei X. A two - stage method of quantitative flood risk analysis for reservoir real - time operation using ensemble - based hydrologic forecasts [J]. Stochastic Environmental Research and Risk Assessment，2015，29 (3)：803 - 813.

[11] Mejia J M，Rousselle J. Disaggregation models in hydrology revisited [J]. Water Resources Research，1976，12 (2)：185 - 186.

[12] Mesbah S M，Kerachian R，Nikoo M R. Developing real time operating rules for trading discharge permits in rivers：Application of Bayesian Networks [J]. Environmental Modelling & Software，2009，24 (2)：238 - 246.

[13] Simonovic S P，Burn D H. An improved methodology for short - term operation of a single multi-purpose reservoir [J]. Water Resources Research，1989，25 (1)：1 - 8.

[14] Wang F，Wang L，Zhou H，et al. Ensemble hydrological prediction - based real - time optimization of a multiobjective reservoir during flood season in a semiarid basin with global numerical weather predictions [J]. Water Resources Research，2012，48 (7)：W7520.

[15] Wang W，Ding J. A multivariate non - parametric model for synthetic generation of daily streamflow [J]. Hydrological Processes，2007，21 (13)：1764 - 1771.

[16] Yazdi J，Torshizi A D，Zahraie B. Risk based optimal design of detention dams considering uncer-tain inflows [J]. Stochastic Environmental Research and Risk Assessment，2016，30 (5)：1457 - 1471.

[17] Zhao T，Cai X，Yang D. Effect of streamflow forecast uncertainty on real - time reservoir operation [J]. Advances in Water Resources，2011，34 (4)：495 - 504.

[18] Zhao T，Yang D，Cai X，et al. Identifying effective forecast horizon for real - time reservoir opera-tion under a limited inflow forecast [J]. Water Resources Research，2012，48 (1)：W1540.

[19] Zhu F，Zhong P，Sun Y，et al. Real - time optimal flood control decision making and risk propaga-tion under multiple uncertainties [J]. Water Resources Research，2017，53 (12)：10635 - 10654.

[20] 杜宇. 水库群联合防洪调度风险分析与多属性风险决策研究 [D]. 武汉：华中科技大学，2018.

[21] 刘昌明，陈志恺. 中国水资源现状评价和供需发展趋势分析 [M]. 北京：中国水利水电出版社，2001.

[22] 刘攀，郭生练，王才君，等. 水库汛限水位实时动态控制模型研究 [J]. 水力发电，2005，31 (1)：8 - 11.

[23] 刘招，黄强，于兴杰，等. 基于6h预报径流深的安康水库防洪预报调度方案研究 [J]. 水力发电

学报，2011，30（2）：4-10.

［24］ 钱正英，张光斗．中国可持续发展水资源战略研究综合报告及各专题报告［M］．北京：中国水利水电出版社，2001.

［25］ 闫宝伟，郭生练．考虑洪水过程预报误差的水库防洪调度风险分析［J］．水利学报，2012，43（7）：803-807.

［26］ 尹家波，刘松，胡永光，等．潘口水库汛期水位动态控制研究［J］．水资源研究，2014，3（5）：386-394.

第 6 章

结 论 与 展 望

6.1 主要工作与结论

随着流域复杂水库群系统的建立，开展水库群系统联合调度研究是寻求库群系统整体效益最大化的必要性研究课题，而水库群联合调度的核心实质上就是各水库防洪库容（汛期运行水位）如何开展安全高效利用的问题。因此，本书围绕水库群系统汛期运行水位联合设计、运行及风险控制，从水库群防洪库容联合设计、水库群防洪库容分配规则、水库群汛期运行水位动态控制三个方面系统性地开展研究。

（1）针对水库群防洪库容联合设计问题，构建了基于条件风险价值的防洪损失评价指标。首先，将经济学范畴中的条件风险价值引入防洪评价领域，构建单库系统各年的防洪损失条件风险价值评价指标 $CVaR_\alpha$。其次，以适应变化环境下的水库汛限水位优化设计研究为例，与传统风险率指标对比，验证所提出的防洪损失条件风险价值指标的适用性。最后，将防洪损失条件风险价值评价指标拓展到复杂水库群系统，分别以安康—丹江口两库系统、汉江流域五库系统为例开展水库群防洪库容联合设计研究。研究结果表明：

1）构建的防洪损失条件风险价值指标 $CVaR_\alpha$ 既可以反映水库系统潜在的防洪损失值，又可以通过置信水平 α 反映风险率特征，比传统洪水风险率指标更为严格、全面，且可推导其在非一致性径流条件下的防洪损失条件风险价值表达式。

2）以水库群系统中各防洪控制点及其上游单库构成的子系统为研究对象，在满足子系统防洪损失条件风险价值约束的前提下，可推求各子系统中水库的允许最小防洪库容值均应取现状设计方案下的防洪库容值。

3）以整个流域水库群系统为研究对象，在满足库群系统防洪损失条件风险价值约束条件的前提下（即不降低库容系统防洪标准的前提下），可发现水库群系统中各水库防洪库容组合优化设计方案的解并不唯一，即存在可行区间，且该可行区间的边界分别由各水库的最小防洪库容值决定。

（2）针对水库群防洪库容分配规则问题，理论推导了可最大化总发电量的库容分配比例系数判别式。首先，假定一个库容变化量，解析构建能量方程（E 方程）用于表征水库的发电量与库容变化量之间的关系。其次，将 E 方程由单库系统拓展到水库群系统，以两库系统为例，建立水库群系统总发电量与总库容变化量、各水库间库容分配比例系数 γ 之间的数学关系式，并提炼一种解析式库群系统防洪库容分配规则——比例系数判别式，用于指导库群系统库容优化分配以实现总发电量最大化。最后，以安康—丹江口两库系统、汉江流域五库系统为例分别开展实例研究，直接采用 E 方程计算库群系统总发电量，依据比例系数判别式寻求库容优化分配策略。研究结果表明：

1）与基于常规发电调度的数值模拟结果对比，推导的 E 方程可较精确地估计水库的总发电量。

2）采用比例系数判别式可简单直观地确定汉江流域库群系统中各水库之间的库容分配比例，实现总发电量最大化，且比例系数 γ 在 $0 \sim 1$ 闭区间取值。

3）基于比例系数判别式指导的库容优化分配结果与各水库的库容量级差异、入库洪量比例等因素均有关系。

（3）针对水库群汛期运行水位动态控制问题，提出了两阶段风险率计算方法以构建水库群汛期运行水位实时优化调度模型。首先，将未来调度时段按预见期节点划分为预见期以内和预见期以外两个阶段，预见期以内采用集合预报思想统计风险率，预见期以外根据设计洪水的调洪演算试算风险率；将所提出的两阶段风险率计算方法作为防洪约束条件，构建以发电量最大为目标函数的水库群汛期实时优化调度模型。其次，基于蒙特卡罗随机模拟法验证两阶段风险率方法的准确性。最后，以安康—丹江口两库系统、汉江流域五库系统为例分别开展实例研究，采用基于两阶段风险率方法构建的水库群实时优化调度模型，求解水库群最优库容变化过程（出流决策过程），实现了水库群汛期运行水位动态控制。研究结果表明：

1）所提出的水库群两阶段风险率计算方法既可考虑预见期以内径流预报不确定性带来的风险，又兼顾考虑预见期末水位过高难以应对后续洪水的潜在风险。

2）采用蒙特卡罗随机模拟方法，验证了所提出的两阶段风险率计算方法的准确性。

3）基于两阶段风险率方法构建的水库群实时优化调度模型，可在不降低水库群防洪标准的前提下，显著提高整个库群系统的发电效益，如 2010 年汉江流域五库系统在夏汛期可提高发电量 2.30 亿 kW·h。

6.2　研究展望

本书围绕水库群防洪库容联合设计、水库群防洪库容分配规则和水库群汛期运行水位动态控制三个方面的问题作了初步探究，但存在可待继续完善的空间。

（1）在水库群防洪库容联合设计研究中所提出的基于条件风险价值的防洪损失评价指标的构建有待完善，或可考虑结合相关的实际社会经济数据去精确该防洪损失评价指标的计算值。损失函数表征为下游防洪控制点需要承担的多余洪量同水库防洪库容值（或水库汛限水位）、来水量级的关系式。多余洪量的计算过程可考虑马斯京根等河道调洪演算方法进一步精确计算结果；损失函数中各防洪控制点需承担的多余洪量的单位成本均假设为同一个常数值 c，后续可考虑不同防洪控制点因承担多余洪量而可能造成的经济损失成本的不同，对单位成本 c 值进行不同的设定。此外，考虑到防洪损失条件风险价值指标中有表征潜在防洪损失值的概念，可耦合发电等兴利效益目标，开展水库多目标优化调度研究。

水库群系统中防洪损失条件风险价值的计算与所选取的水库群设计洪水样本也有关系，可探究不同水库群设计洪水组成方法所获得的径流样本对该指标值的影响，从而进一步精确第二章中基于防洪损失条件风险价值指标所推求的水库群防洪库容联合设计的研究结果。

（2）在水库群防洪库容分配规则问题中，能量方程（E 方程）本身并未考虑水库防洪风险约束，因此，若利用 E 方程去推求水库群系统库容分配问题，仍需结合水库防洪调度判别库容分配方案是否符合防洪安全。若研究时段 T 比较短时，E 方程还可以考虑应用于水库群汛期运行水位动态控制（实时调度范畴）。如结合水文预报可以预判水库的库容变化空间，进而应用 E 方程将此库容变化量合理地分配到各个水库，从而使得水库群系统牺牲（或增加）的发电效益更小（或更大）。

针对由三个水库及以上组成的复杂的水库群系统，除本书的研究方法外，还可采用以下两种思路进行研究：

1）耦合聚合—分解思想，将多库群系统视为由一个单库 1 和一个"聚合水库 1（由库群系统中除单库 1 以外其他水库组成）"组成的两库系统，从而直接应用水库防洪库容分配规则推求单库和"聚合水库 1"之间的库容分配方案，然后将"聚合水库 1"拆分为由单库 2 和"聚合水库 2（由聚合水库 1 中除单库 2 以外其他水库组成）"，依次逐渐拆分库群系统获取各水库间防洪库容分配方案。

2）直接在 E 方程中新增库容分配比例参数，更新推导适用于 3 个及以上库群系统的比例系数判别式结论，以 3 个水库组成的水库群系统为例，可以分别将 3 个水库库容分配的比例设定为 γ、τ 和 $1-\tau-\gamma$。

（3）在水库群汛期运行水位动态控制问题中，为了提高水库群两阶段风险率计算效率，预见期以外的风险率结果是预先考虑了所有可能的水库库容组合方案，将所有方案的风险率计算结果进行预先存储供实时优化调度模型直接使用。但若应用于规模较大的水库群系统，由于库群维度较高导致风险率的计算量较大，可以考虑压缩算法的研究，用以提升实时优化调度模型的计算效率，更好地应用于水库群系统汛期运行水位动态控制。此外，针对预见期以内的风险评估可以考虑结合集合预报等方法生成预报径流情景，从而优化水库群两阶段风险率计算精度。

附　　录

附录 A　研究区域水库特征曲线

A1. 安康水库特征曲线

1. 安康水库水文特性

表 A1.1   水 文 特 性 表

序号	名　　称	单　位	数　量	备　注
1	流域面积	km²	357000	
2	多年平均年径流量	亿 m³	193	
3	代表性流量			
	多年平均年径流量	m³/s	608	
	实测最大流量（安康站）	m³/s	31000	1983 年 8 月 1 日
	实测最小流量（安康站）	m³/s	44	1945 年 6 月 8 日
	历史调查最大流量	m³/s	36000	1583 年
	设计洪峰流量	m³/s	36700	千年一遇
	校核洪峰流量	m³/s	45000	万年一遇
4	洪量			
	实测最大洪量（3 天）	亿 m³	36.0	
	设计洪量（3 天）	亿 m³	57.66	
	校核洪量（3 天）	亿 m³	70.39	
5	泥沙			
	平均年输沙量（安）	万 t	2710	
	实测最大含沙量（安）	kg/m³	28.6	1958 年 6 月 29 日
	多年平均含沙量（安）	kg/m³	1.38	

2. 水库水位—库容关系曲线

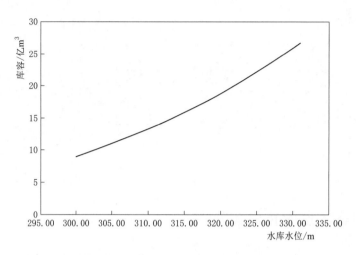

图 A1.1　安康水库水位—库容关系曲线

3. 水库泄流能力曲线

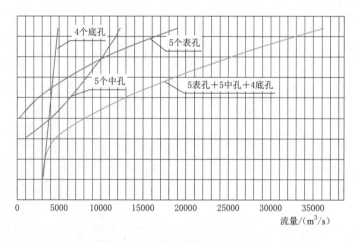

图 A1.2　安康水库泄流能力曲线

A2. 潘口水库特征曲线

1. 水文特性

表 A2.1　　　　　　　　　潘口水库水文特性表

项　　目		单　　位	数　　量	备　　注
大坝总体	坝型			混凝土面板堆石坝
	坝顶高程	m	362	
	最大坝高	m	114	
	坝顶长度	m	292	

项　目		单　位	数　量	备　注
水文特性	集水面积	km²	8950	
	多年平均径流量	亿 m³	51.7	1950—2003 年
	多年平均流量	m³/s	164	
	实测最大流量	m³/s	9990	竹山站（1980 年）
	实测最小流量	m³/s	3.79	竹山站（2011 年）
	设计洪水流量	m³/s	16600	$P=0.1\%$
	校核洪水流量	m³/s	22700	$P=0.01\%$
	年平均输沙量	万 t	497	
电站特性	设计水头	m	83	
	总装机容量	万 kW	50	
	保证出力	万 kW	8.67	
	多年平均发电量	亿 kW·h	10.5	

2. 水位—库容关系曲线

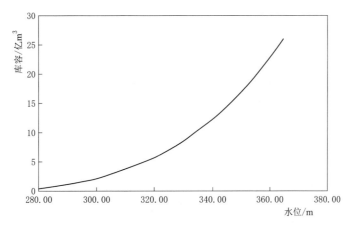

图 A2.1　潘口水库水位—库容关系曲线

3. 水库泄流能力曲线

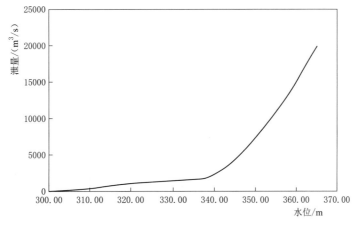

图 A2.2　潘口水库泄流能力曲线

A3. 丹江口水库特征曲线

1. 水文特性

表 A3.1 丹江口水库水文特性表

（单位：泄量、流量，m^3/s；洪量、库容，亿 m^3）

项　　目	夏季（6月21日—8月20日）起调水位：149.00m							
	0.01%×1.2	0.01%	0.1%	1935年实际年（相当百年）	2%	5%	10%	20%
最大入库流量	118000	98400	79000	54000	52500	37100	31200	25300
最大7日洪量	281	234	188	128.8	126	105	89	71.3
坝前最高水位	163.90	161.40	160.00	160.00	158.00	156.80	155.50	154.80
坝下最大泄量	55800	48200	34500	16100	14500	14200	11400	8940
防洪库容　总防洪库容	112.8	91.6	78.9	78.0	64.3	54.2	45.6	41.2
防洪库容　其中预泄库容	2.0	2.13	1.9	1.3	2.9	2.45	2.7	3.1
泄洪设备运用情况　深孔/个	12	12	12	12	12	12	12	12
泄洪设备运用情况　堰顶/个	20	20	14	8	7	8	4	0
分蓄洪工程运用情况	超标准运用只保证大坝安全			新城以上民垸分洪，杜家台分洪工程配合	新城以上民垸分洪，杜家台分洪工程配合	杜家台分洪工程配合	杜家台分洪工程配合	

项　　目	秋季（9月）起调水位：152.50m							
	0.01%×1.2	0.01%	0.1%	1%	2%	5%	10%	20%
最大入库流量	99100	80800	65200	47600	42000	34300	28400	22200
最大7日洪量	265	221	174	127	112	91.6	76	59.2
坝前最高水位	163.90	161.40	159.80	159.30	158.30	156.90	155.80	155.70
坝下最大泄量	56500	49100	35200	18100	17200	16400	14910	10400
防洪库容　总防洪库容					56.0	39.8	35.5	
防洪库容　其中预泄库容					10.4	9.2	8.7	
泄洪设备运用情况　深孔/个	12	12	12	12	12	12	12	12
泄洪设备运用情况　堰顶/个	20	20	14	8	8	7	6	1
机组/台	5→0	5→0	5	5	5	5	5	5
碾盘山控制泄量				30000	25000	21000	17000	12000
新城泄量				18400～19000	18400～19000	18400～19000		
持续时间/天					4.0		1	

续表

项　目	秋季（9月）起调水位：152.50m							
	0.01%×1.2	0.01%	0.1%	1%	2%	5%	10%	20%
新城以上民垸分洪量				16				
分蓄洪工程运用情况	超标准运用只保证大坝安全			新城以上民垸分洪，杜家台分洪工程配合	新城以上民垸分洪，杜家台分洪工程配合	杜家台分洪工程配合	杜家台分洪工程配合	

2. 水位—库容关系曲线

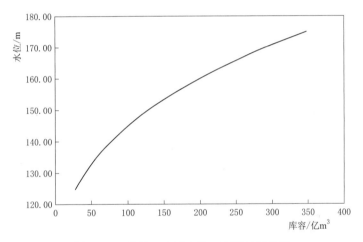

图 A3.1　丹江口水库水位—库容关系曲线

3. 水库泄流能力曲线

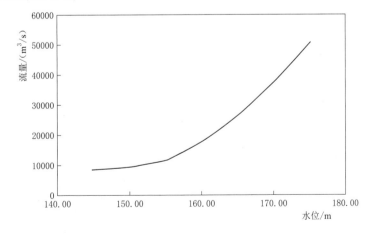

图 A3.2　丹江口水库泄流能力曲线

A4. 三里坪水库特征曲线

1. 水文特性

表 A4.1   三里坪水库水文特性表

下泄流量及相应下游水位			
1. 设计洪水位时最大泄量	m³/s	3653	
相应下游水位（坝址处）	m	312.1	未建寺坪时
	m	315.9	建寺坪后
2. 校核洪水时最大泄量	m³/s	4426	
相应下游水位（坝址处）	m	313.03	未建寺坪时
	m	316.26	建寺坪后
工程效益指标			
1. 防洪效益保护面积（或城镇、工矿区）	万亩	5.38	
标准 P	%	2	
多年平均保护面积	万亩	3.23	
2. 发电效益			
装机容量	MW	70	
保证出力（$P=90\%$）	MW	12.4	
多年平均发电量	亿 kW·h	1.834	

2. 水位—库容关系曲线

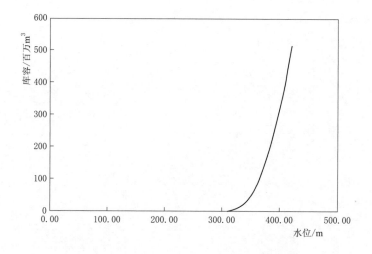

图 A4.1　三里坪水库水位—库容关系曲线

3. 水库泄流能力曲线

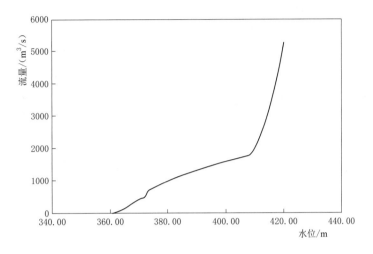

图 A4.2　三里坪水库泄流能力曲线

A5. 鸭河口水库特征曲线

1. 枢纽特性

表 A5.1　　　　　　　　　　鸭河口水库枢纽特性表

序　号	名　　称	单　位	数　量
一	水文		
1	流域面积		
1.1	全流域	km²	12270
1.2	坝址以上流域面积	km²	3030
2	利用的水文系列年限	年	54
3	多年平均年径流量	亿 m³	10.73
4	代表性流量		
4.1	实测最大流量	m³/s	11600
4.2	调查历史最大流量	m³/s	11900
4.3	千年设计洪水流量	m³/s	17400
4.4	万年校核洪水流量	m³/s	26000
5	洪量		
5.1	实测最大洪量（3天）	亿 m³	8.38
5.2	设计洪水洪量（3天）	亿 m³	11.1
5.3	校核洪水洪量（3天）	亿 m³	17.04

序　号	名　　称	单　位	数　量
二	水库		
1	水库水位		
1.1	校核洪水位	m	181.5
1.2	设计洪水位	m	179.84
1.3	正常蓄水位	m	177.0
1.4	防洪高水位	m	179.1
1.5	汛期限制水位	m	175.7
1.6	死水位	m	160.0
2	正常蓄水位时水库面积	km²	83.9
3	水库容积		
3.1	总库容	亿 m³	13.39
3.2	正常蓄水位以下库容	亿 m³	8.32
3.3	调洪库容（校核水位至汛限水位）	亿 m³	5.16
3.4	防洪库容（防洪高水位至汛限水位）	亿 m³	2.95
3.5	调节库容（正常水位至死水位）	亿 m³	7.62
3.6	共用库容（正常水位至汛限水位）	亿 m³	1.04
3.7	死库容	亿 m³	0.7
4	库容系数	%	71
5	调节系数		0.74
6	水量利用系数		0.78
三	下泄流量及相应下游水位		
1	设计洪水位时最大泄量	m³/s	7115
2	设计洪水位时相应下游水位	m	153.1
3	校核洪水位时最大泄量	m³/s	8806
4	校核洪水位时相应下游水位	m	153.9
四	工程效益指标		
1	防洪面积	km²	773
2	发电效益		
2.1	装机容量	MW	14
2.2	多年平均发电量	亿 kW·h	0.4448
3	灌溉效益		
3.1	灌溉面积	万亩	210
3.2	灌溉最大引水流量	m³/s	100
3.3	灌溉年用水总量	亿 m³	8.72
4	工业年用水总量	亿 m³	0.7
5	养殖效益	t/年	1060

2. 水位—库容关系曲线

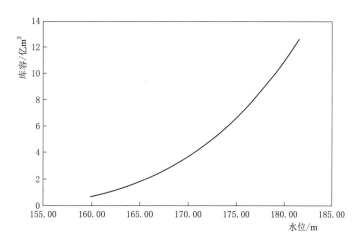

图 A5.1　鸭河口水位—库容关系曲线

3. 水库泄流能力曲线

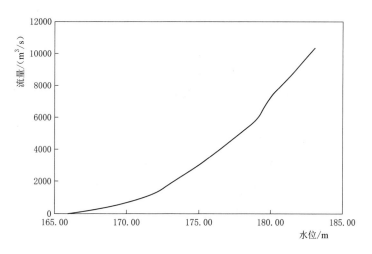

图 A5.2　鸭河口泄流能力曲线

附录 B　专著中变量符号注释列表

B1. 第三章

n	工程生命周期（年）
Q_p	径流系列的设计洪峰值
Q_i	第 i 年实际来水径流洪峰值
p_i	在第 i 年，发生实际来水超过设计值的概率
p	在一致性条件下，实际来水超过设计值的概率（常数值）
R	洪水风险率
α	置信水平
x	决策变量
θ	随机变量
$L(\cdot)$	损失函数
$\varphi(\cdot)$	累计分布函数
$E(\cdot)$	期望函数
EV	期望防洪损失值
$w_f(\cdot)$	下游防洪控制点需分担的多余洪量
c	下游防洪控制点承受多余洪量 $w_f(\cdot)$ 所需的单位成本
Q_Y	超过下游防洪控制点允许安全泄量
F_α	相应于置信水平 α 的 VaR_α 值
$\max$	损失函数的最大值
$f(\cdot)$	防洪损失的概率密度函数
VaR_α	风险价值
$CVaR_\alpha$	条件风险价值
$CVaR_\alpha^n$	非一致性条件下 n 年的防洪损失条件风险价值
β_α	一致性条件下防洪损失条件风险价值（常数值）
$\beta_\alpha^n(\cdot)$	n 年时段内一致性径流条件下的防洪损失条件风险价值
T	重现期
m	实测径流资料的长度
N_i	第 i 年的汛期发电量（$i=1,2,\cdots,m$）
$R_j^{ns}(\cdot)$	非一致性径流条件下第 j 年的累计洪水风险率
$R_j^s(\cdot)$	一致性径流条件下第 j 年的累计洪水风险率

Δt	计算单位时长
I_t	水库在 Δt 时段的入库流量值
Q_t	水库在 Δt 时段的出库流量值
V_t	水库在 t 时刻的库容值
$V_{\min}$	水库在汛期的最小库容值
$V_{\max}$	水库在汛期的最大库容值
Z_t	水库在 t 时刻的水位值
$Q_{\max}(Z_t)$	水库对应于水位为 Z_t 时的最大下泄流量值
E_X	均值
C_V	变差系数
C_S	偏态系数
r	相关性分析的统计量
r_a	相关性分析的统计量临界值
OLS	离差平方和
Pe_i	经验频率值
P_i	理论频率值
$F_X(x)$	随机变量 X 的边缘分布函数
$F_Y(y)$	随机变量 Y 的边缘分布函数
$F(x,y)$	随机变量 X 和 Y 的联合分布函数
$C(u,v)$	Copula 型式的多维联合分布函数，u 和 v 均指代随机变量的边缘分布函数
$W_{7d}^{D_i}$	分期时段 D_i 内最大 7 日洪量实测值
$h_{7d}^{D_i}$	分期时段 D_i 内最大 7 日洪量阈值
A_i	表征分期时段内最大 7 日洪量实测值超过阈值的事件，$i=1$ 代表夏汛期，$i=2$ 代表秋汛期
$P(A_i)$	事件 A_i 发生的概率
$P(A_2 \mid A_1)$	当事件 A_1 发生的前提下，事件 A_2 发生的概率
$N_{(t)}$	t 时刻的水电站出力
Y	整个调度期对应的总年数
K	水电站综合出力系数
$Q_{\mathrm{pg}(t)}$	t 时刻的发电流量
$\overline{H}_{(t)}$	t 时刻的平均出力水头
$Q_{\mathrm{d}(t)}$	从上游水库中的引水流量
$Q_{\mathrm{in}(t)}$	t 时段的水库入库流量

$Q_{\text{out}(t)}$	t 时段的水库出库流量
$V_{(t)}$	t 时段初的库容
$V_{(t+1)}$	t 时段末的库容
E	多年平均发电量
S	多年平均中线供水量
D	多年平均下游供水量
$Z_{t,\max}$	水库优化夏秋汛水位组合方案下模拟计算过程中的最高坝前水位值
$Q_{t,\max}$	水库优化夏秋汛水位组合方案下模拟计算过程中的最大下泄流量值
$Z_{0,\max}$	水库现状夏秋汛水位方案下的最高坝前水位值
$Q_{0,\max}$	水库现状夏秋汛水位方案下的最大下泄流量值
$R(Z_{t,\max},\ Q_{t,\max})$	水库优化夏秋汛水位组合方案下的洪水风险率
$R_0\ (Z_{0,\max},\ Q_{0,\max})$	水库现状夏秋汛水位方案下的洪水风险率
$Z_{(t)}^{S}$	t 时刻的上游水位
$Z_{(t)}^{L}$	t 时刻允许的最低水位
$Z_{(t)}^{U}$	t 时刻允许的最高水位
$Q_{\text{out}(t)}^{L}$	t 时刻出库流量的下限
$Q_{\text{out}(t)}^{U}$	t 时刻出库流量的上限
$f_{\text{HQ}}(*)$	上游水位与出库流量关系函数
$\overline{Z}_{(t)}^{X}$	t 时刻下游平均水位
$f_{\text{ZQ}}\ (*)$	出库流量与尾水位曲线函数
$Z_{(t+1)}^{S}$	t 时刻末的上游水位
$\overline{Z}_{(t)}^{S}$	时段 Δt 的平均上游水位
$\Delta H_{(t)}$	时段 Δt 水头损失
$f_{\Delta\text{H}}(*)$	水电站水头损失函数
$\overline{H}_{(t)}$	时段 Δt 的净水头
$f_{\text{HN}}(*)$	水电站水头与预想出力关系函数
θ_k	对应下游防洪控制点 k 库群系统对应的流域洪水量级
$L_k(\cdot)$	对应下游防洪控制点 k 的损失函数
$F_{k,\alpha}$	对应下游防洪控制点 k 相应于置信水平 α 的防洪损失阈值
$\max_k$	对应下游防洪控制点 k 损失函数的最大值
$f_k(\cdot)$	对应下游防洪控制点 k 防洪损失的概率密度函数

$CVaR_{k,\alpha}$	对应下游防洪控制点 k 防洪损失条件风险价值
x_{AK}	安康水库夏汛期汛限水位值
θ_{AK}	安康水库入库洪水量级
$w_{AK,f}$	安康水库下游防洪控制点安康市需要承担的多余洪量
$CVaR_{AK,\alpha}$	安康水库夏汛期现状汛限水位方案对应的防洪损失条件风险价值
$w_{HZ,f}$	安康—丹江口水库群系统下游防洪控制点皇庄站对应的需要承担的多余洪量
$CVaR_{HZ,\alpha}$	安康—丹江口水库群系统下游防洪控制点皇庄站对应的防洪损失条件风险价值
x_{PK}	潘口水库夏汛期汛限水位值
θ_{PK}	潘口水库入库洪水量级
$CVaR_{PK,\alpha}$	潘口水库下游防洪控制点竹山县需要承担的多余洪量
x_{SLP}	三里坪水库夏汛期汛限水位值
θ_{SLP}	三里坪水库入库洪水量级
$CVaR_{SLP,\alpha}$	三里坪水库下游防洪控制点谷城县需要承担的多余洪量
x_{YHK}	鸭河口水库夏汛期汛限水位值
θ_{YHK}	鸭河口水库入库洪水量级
$CVaR_{YHK,\alpha}$	鸭河口水库下游防洪控制点南阳市需要承担的多余洪量

B2. 第四章

Z	水库水位
S	水库库容
a	幂函数的参数（倍比系数）
b	幂函数的参数（指数参数）
$H(\cdot)$	库容曲线的拟合方程
η	单库系统推导中综合出力系数
$\overline{h_t}$	单库系统推导中水库在时段 t 内的平均水头
S_t	单库系统推导中时段 t 初始时刻的水库库容
Q_t	单库系统推导中水库在时段 t 的入库流量
q_t	单库系统推导中水库在时段 t 的出库流量
$h_w(\cdot)$	单库系统推导中水库的尾水位
$h_s(\cdot)$	单库系统推导中水库的发电水头损失
ΔS_t	单库系统推导中水库库容的增量

S_t^*	单库系统推导中增加后新的水库库容值
N_t^*	单库系统推导中库容变化后的水库在单位时间内的发电量
E	单库系统推导中时段 T 内当前水库库容方案对应的发电量
E^*	单库系统推导中时段 T 内库容变化后新的发电量
Δt	单位计算时段
T	全调度计算时段
S_1^*	单库系统推导中整个研究时段 T 初始时刻的新的水库库容值
S_1	单库系统推导中整个研究时段 T 初始时刻的当前的水库库容值
ΔE	单库系统推导中研究时段 T 内水库的发电量增量
W	单库系统推导中水库时段 T 内的入库水量，不考虑弃水时
T_H	单库系统推导中平衡方程左右两边量纲的参数
ΔW	单库系统推导中时段 T 内库容变化引起的弃水量的变化量
W_{IN}	单库系统推导中水库的入库水量
W_{SP}	单库系统推导中水库相应于 T 时段内起始库容 S_1 的发电弃水量
E_{Total}	库群系统推导中当前水库库容方案对应的时段 T 内的发电量
E_{Total}^*	库群系统推导中库容变化之后对应的时段 T 内的发电量
η_i	水库群系统中第 i 个水库的综合出力系数
W_{INi}	水库群系统中第 i 个水库的入库水量
W_{SPi}	水库群系统中第 i 个水库相应于 T 时段内起始库容 $S_{i,1}$ 的发电弃水量
$S_{i,1}$	水库群系统中第 i 个水库在时段 T 时刻初对应于库容变化前的水库库容值
$S_{i,1}^*$	水库群系统中第 i 个水库在时段 T 时刻初对应于库容变化后的水库库容值
$H_i(\cdot)$	水库群系统中第 i 个水库的库容与水位关系函数
ΔV_{Total}	水库群系统中总库容的增量
ΔV_i	库群系统中第 i 个水库的库容变化量
γ	比例系数，为编号1水库的库容变化量 ΔV_1 占库群系统总库容变化量 ΔV_{Total} 的比例
λ_i	表征库群系统中第 i 个水库 E 方程常数项的参数
$K(\gamma)$	表征以比例系数 γ 为因变量的函数表达式
Z_1	安康水库水位值

a_1	安康水库库容水位关系参数（倍比参数）
b_1	安康水库库容水位关系参数（指数参数）
S_1	安康水库库容值
η_1	安康水库综合出力系数
$S_{1,1}$	安康水库在时段 T 时刻初对应于库容变化前的水库库容值
$\overline{W}_{IN1}$	安康水库入库水量
$\overline{W}_{SP1}$	安康水库相应于 T 时段内起始库容 $S_{1,1}$ 的发电弃水量
$\overline{E}_1$	安康水库当前水库库容方案对应的时段 T 内的多年平均发电量
λ_1	安康水库 E 方程常数项的参数
Z_2	丹江口水库水位值
a_2	丹江口水库库容水位关系参数（倍比参数）
b_2	丹江口水库库容水位关系参数（指数参数）
S_2	丹江口水库库容值
η_2	丹江口水库综合出力系数
$S_{2,1}$	丹江口水库在时段 T 时刻初对应于库容变化前的水库库容值
$\overline{W}_{IN2}$	丹江口水库入库水量
$\overline{W}_{SP2}$	丹江口水库相应于 T 时段内起始库容 $S_{2,1}$ 的发电弃水量
$\overline{E}_2$	丹江口水库当前水库库容方案对应的时段 T 内的多年平均发电量
λ_2	丹江口水库 E 方程常数项的参数
$\overline{E}^*_{Total}$	库群系统在 T 时段内多年平均总发电量
SSE	误差平方和
MIE	绝对误差的最小值
MAE	绝对误差的最大值
Z_3	潘口水库水位值
a_3	潘口水库库容水位关系参数（倍比参数）
b_3	潘口水库库容水位关系参数（指数参数）
S_3	潘口水库库容值
η_3	潘口水库综合出力系数
$S_{3,1}$	潘口水库在时段 T 时刻初对应于库容变化前的水库库容值
$\overline{W}_{IN3}$	潘口水库入库水量
$\overline{W}_{SP3}$	潘口水库相应于 T 时段内起始库容 $S_{3,1}$ 的发电弃水量

$\overline{E_3}$	潘口水库当前水库库容方案对应的时段 T 内的多年平均发电量
λ_3	潘口水库 E 方程常数项的参数
Z_4	三里坪水库水位值
a_4	三里坪水库库容水位关系参数（倍比参数）
b_4	三里坪水库库容水位关系参数（指数参数）
S_4	三里坪水库库容值
η_4	三里坪水库综合出力系数
$S_{4,1}$	三里坪水库在时段 T 时刻初对应于库容变化前的水库库容值
$\overline{W_{IN4}}$	三里坪水库入库水量
$\overline{W_{SP4}}$	三里坪水库相应于 T 时段内起始库容 $S_{3,1}$ 的发电弃水量
$\overline{E_4}$	三里坪水库当前水库库容方案对应的时段 T 内的多年平均发电量
λ_4	三里坪水库 E 方程常数项的参数
Z_5	鸭河口水库水位值
a_5	鸭河口水库库容水位关系参数（倍比参数）
b_5	鸭河口水库库容水位关系参数（指数参数）
S_5	鸭河口水库库容值
η_5	鸭河口水库综合出力系数
$S_{5,1}$	鸭河口水库在时段 T 时刻初对应于库容变化前的水库库容值
$\overline{W_{IN5}}$	鸭河口水库入库水量
$\overline{W_{SP5}}$	鸭河口水库相应于 T 时段内起始库容 $S_{3,1}$ 的发电弃水量
$\overline{E_5}$	鸭河口水库当前水库库容方案对应的时段 T 内的多年平均发电量
λ_5	鸭河口水库 E 方程常数项的参数

B3. 第五章

n	水库群系统中水库个数
M_k	第 k 个水库径流预报过程的情景个数（$k=1$, $2,\cdots,n$）
$threshold_k$	第 k 个水库风险事件发生与否的判断阈值（即水库下游允许泄量值 Q_{ck} 或者水库上游水位阈值 Z_{ck}）
t_{F_s}	水库预见期长度

$\#\begin{bmatrix} r_{i,t}^k > threshold_k, \\ \forall t = t_1, t_2, \cdots, t_{F_k} \end{bmatrix}$	第 i 个情景的二项式分布，即如果第 k 个水库的第 i 个径流预报情景存在任意时刻的 $r_{i,t}^k$（水库下游泄量 $Q_{i,t}^k$ 或者水库上游水位 $Z_{i,t}^k$）超过相应的阈值，则该式的值取为 1，否则该式的值取为 0（即使同一情景内洪水风险事件发生次数多于一次，该式的值仍取为 1）
$\sum_{i_k=1}^{M_k} \#\begin{bmatrix} r_{i_k,t}^k > threshold_k, \\ \forall t = t_1, t_2, \cdots, t_{F_k} \end{bmatrix}$	统计发生 $r_{i,t}^k$ 超过阈值 $threshold_k$ 情景数
$Z_{i_k,t_{F_k}}^k$	第 k 个水库在第 i 个径流预报情景的预见期末 t_{F_k} 时刻的水库水位
$P(Z_{i_1,t_{F_1}}^1, Z_{i_2,t_{F_2}}^2, \cdots, Z_{i_n,t_{F_n}}^n)$	系统中各水库预见期末水位组合为 $Z_{i_1,t_{F_1}}^1$，$Z_{i_2,t_{F_2}}^2$，$\cdots$，$Z_{i_n,t_{F_n}}^n$ 的概率
$R(Z_{i_1,t_{F_1}}^1, Z_{i_2,t_{F_2}}^2, \cdots, Z_{i_n,t_{F_n}}^n)$	以水库水位组合 $Z_{i_1,t_{F_1}}^1$，$Z_{i_2,t_{F_2}}^2$，$\cdots$，$Z_{i_n,t_{F_n}}^n$ 起调、恰好水库群发生防洪风险事件的洪水概率
R_{S1}	预见期以内风险率
R_{S2}	预见期以外风险率
T_k	第 i 个水库在预见期以内发生防洪风险事件（即水库下游泄量 $Q_{i,t}^k$ 或者水库上游水位 $Z_{i,t}^k$ 超过相应的阈值）的径流预报情景集合
R_{TS}	水库群总防洪风险率
V_t^k	第 k 个水库在预见期末 t_F 的水库库容值（$t = t_1$，$t_2, \cdots, t_{F_k}$）
$E_k(\cdot)$	第 k 个水库在预见期内的发电量
E_{Total}	水库群系统的总发电量
$R_{accepted}$	水库群系统的防洪标准
V_{min}^k	第 k 个水库在汛期调度期内的库容下限值
V_{max}^k	第 k 个水库在汛期调度期内的库容上限值
$Q_{max}^k(Z_t^k)$	第 k 个水库在时刻 t 库水位 Z_t^k 所对应的最大下泄能力
Q_t^k	第 k 个水库在时刻 t 水库下泄流量
$f(\cdot)$	上下游间的河道演算方程

O_t^k	第 $k-1$ 个水库和第 k 个水库之间的区间入流（$k=2,\cdots,n$）
I_t^k	第 k 个水库的入库流量
ΔQ_m^k	第 k 个水库允许的最大流量变幅
W_j^D	第 j 个情景最大 x 日设计洪量值
W_j^O	第 j 个情景最大 x 日典型洪量值
$K_{\text{main},j}$	主站在第 j 个情景中的放大倍比系数
f	常规调度过程中水库发生防洪风险的失事次数
N	径流情景组数
R_{accept}	传统风险统计方法计算的洪水风险率
f_r	根据两阶段洪水风险率约束开展的调度过程中水库发生防洪风险的失事次数
R_r	水库群调度实际洪水风险率
E_X	均值
C_V	变差系数
C_S	偏态系数
K_{HZ}	皇庄站最大 7 日洪量放大倍比系数
A_{HZ}	皇庄站对应的流域控制面积
A_j	从站 j 对应的流域控制面积
K_j	从站 j 对应的放大倍比系数
ε	入库径流的预报相对误差
$N(\mu,\sigma^2)$	以均值为 μ、方差为 σ^2 的正态分布函数
Q_{ob}	实测径流量
Q_f	预报径流量
σ_{AK}^2	安康水库的 6h 入库预报相对误差
σ_{DJK}^2	丹江口水库的 12h 入库预报相对误差
σ_{PK}^2	潘口水库的 6h 入库预报相对误差
σ_{SLP}^2	三里坪水库的 6h 入库预报相对误差
σ_{YHK}^2	鸭河口水库的 6h 入库预报相对误差
M_1	安康水库的径流情景数
M_2	潘口水库的径流情景数
M_3	丹江口水库的径流情景数

M_4 三里坪水库的径流情景数

M_5 鸭河口水库的径流情景数

$Z^1_{i_1,t_{F_1}}$ 安康水库在预见期末的水库水位

$Z^2_{i_2,t_{F_2}}$ 潘口水库在预见期末的水库水位

$Z^3_{i_3,t_{F_3}}$ 丹江口水库在预见期末的水库水位

$Z^4_{i_4,t_{F_4}}$ 三里坪水库在预见期末的水库水位

$Z^5_{i_5,t_{F_5}}$ 鸭河口水库在预见期末的水库水位

附录 C 专著中引用标准原文

本书中针对根据流量资料计算各水库设计洪水及水库群系统设计洪水过程线推求参考中华人民共和国水利行业标准《水利水电工程设计洪水计算规范》（SL 44—2006）部分章节内容如下：

C1. 根据流量资料计算各水库设计洪水

3 根据流量资料计算设计洪水

3.1 洪水系列、经验频率、统计参数及设计值

3.1.1 频率计算中的年（期）洪峰流量和不同时段的洪量系列，应由每年（期）内最大值组成。

3.1.2 在 n 项连序洪水系列中，按大小顺序排位的第 m 项洪水的经验频率 p_m，可采用下列数学期望公式计算：

$$p_m = \frac{m}{n+1} \quad (m=1,2,\cdots,n) \tag{3.1.2}$$

式中　n——洪水序列项数；

　　　m——洪水连序系列中的序位；

　　　p_m——第 m 项洪水的经验频率。

3.1.3 在调查考证期 N 年中有特大洪水 a 个，其中 l 个发生在 n 项连序系列内，这类不连序洪水系列中各项洪水的经验频率可采用下列数学期望公式计算。

　　a 个特大洪水的经验频率为

$$p_M = \frac{M}{N+1} \quad (M=1,2,\cdots,a) \tag{3.1.3-1}$$

式中　N——历史洪水调查考证期；

　　　a——特大洪水个数；

　　　M——特大洪水序位；

　　　p_M——第 M 项特大洪水经验频率。

　　　$n-l$ 个连序洪水的经验频率为

$$p_M = \frac{M}{N+1} \quad (M=1,2,\cdots,a) \tag{3.1.3-2}$$

或

$$p_m = \frac{m}{n+1} \quad (m=l+1,\cdots,n) \tag{3.1.3-3}$$

式中　l——从 n 项连序系列中抽出的特大洪水个数。

3.1.4 频率曲线的线型应采用皮尔逊Ⅲ型。对特殊情况，经分析论证后也可采用其

他线型。

3.1.5 频率曲线的统计参数采用均值 $\overline{X}$、变差系数 C_V 和偏态系数 C_S 表示。统计参数的估计可按附录 A 进行（为避免与专著歧义，变更表述序号为附录 C2），步骤如下：

1 采用矩法或其他参数估计法，初步估算统计参数。

2 采用适线法调整初步估算的统计参数。调整时，可选定目标函数求解统计参数，也可采用经验适线法。当采用经验适线法时，应尽可能拟合全部点据；拟合不好时，可侧重考虑较可靠的大洪水点据。

3 适线调整后的统计参数应根据本站洪峰、不同时段洪量统计参数和设计值的变化规律，以及上下游、干支流和邻近流域各站的成果进行合理性检查，必要时可作适当调整。

3.1.6 当设计流域的洪水和暴雨资料短缺时，可利用邻近地区分析计算的洪峰、洪量统计参数，或相同频率的洪峰模数等，进行地区综合，用于设计流域。

3.1.7 当设计流域缺乏洪水和暴雨资料，但工程地点附近已调查到可靠的历史洪水，其重现期又与工程的设计洪水标准接近时，可直接采用历史洪水或进行适当调整，作为该工程的设计洪水。

3.1.8 当设计依据站存在归槽与天然状态两种洪水系列时，可分别计算设计洪水。

3.4 汛期分期设计洪水

3.4.1 当汛期洪水成因随季节变化具有显著差异时，可根据水库运行调度需要，分析计算分期设计洪水。

3.4.2 汛期分期的划分，应有较明显的洪水成因变化规律，各分期洪水量级应有明显差别，以划分 2~3 个分期为宜。

3.4.3 分期洪水系列由每年期内最大值组成，选样时应保持洪水过程的完整性。

3.4.4 当上游水库采用分期设计洪水调度时，应计算区间相应的分期设计洪水，并与上游水库相应的下泄洪水过程组合计算设计断面的设计洪水。

3.4.5 分期设计洪水计算时，历史洪水重现期应在分期内考证，其重现期不应短于在年最大洪水系列中的重现期。

3.4.6 对计算的分期设计洪水，应分析各分期的洪水统计参数和同频率设计值的年内变化规律，并与年最大值洪水统计参数和同频率设计值进行比较，检查其合理性。

C2. 洪水频率计算

C2.1 洪水频率曲线统计参数的估计和确定

C2.1.1 参数估计法。洪水系列统计参数可采用矩法估计，也可采用频率权重矩法、双权函数法、线性矩法等估计。本附录仅列出矩法基本公式如下：

1 对于 n 年连序系列，可采用下列公式计算各统计参数：

均值
$$\overline{X} = \frac{1}{n} \sum_{i=1}^{n} X_i \qquad (C2.1.1-1)$$

均方差
$$S = \sqrt{\frac{1}{n-1} \sum_{i=1}^{n} (X_i - \overline{X})^2} \qquad (C2.1.1-2)$$

或
$$S = \sqrt{\frac{1}{n-1} \left[\sum_{i=1}^{n} X_i^2 - \frac{1}{n} (\sum_{i=1}^{n} X_i)^2 \right]} \qquad (C2.1.1-3)$$

变差系数
$$C_V = \frac{S}{\overline{X}} \qquad (C2.1.1-4)$$

偏态系数
$$C_S = \frac{n \sum_{i=1}^{n} (X_i - \overline{X})^3}{(n-1)(n-2) \overline{X}^3 C_V^3} \qquad (C2.1.1-5)$$

或
$$C_S = \frac{n^2 \sum_{i=1}^{n} X_i^3 - 3n \sum_{i=1}^{n} X_i \cdot \sum_{i=1}^{n} X_i^2 + 2(\sum_{i=1}^{n} X_i)^3}{n(n-1)(n-2) \overline{X}^3 C_V^3} \qquad (C2.1.1-6)$$

式中　$\overline{X}$——系列均值；

$\quad\quad$ S——系列均方差；

$\quad\quad$ C_V——变差系数；

$\quad\quad$ C_S——偏差系数；

$\quad\quad$ X_i——系列变量（$i=1,\cdots,n$）；

$\quad\quad$ n——系列项数。

2 对于不连序系列，其统计参数的计算公式与连序系列的计算公式有所不同。如果在迄今的 N 年中已查明有 a 个特大洪水（其中有 l 个发生在 n 年实测或者插补系列中），假定 $(n-l)$ 年系列的均值和均方差与除去特大洪水后的 $(N-a)$ 年系列的均值和均方差分别相等，即 $\overline{X}_{N-a} = \overline{X}_{n-l}$，$S_{N-a} = S_{n-l}$，可推导出统计参数的计算公式如下：

$$\overline{X} = \frac{1}{N} \left(\sum_{j=1}^{a} X_j + \frac{N-a}{n-l} \sum_{i=l+1}^{n} X_i \right) \qquad (C2.1.1-7)$$

$$C_V = \frac{1}{\overline{X}} \sqrt{\frac{1}{N-1} \left[\sum_{j=1}^{a} (X_j - \overline{X})^2 + \frac{N-a}{n-l} \sum_{i=l+1}^{n} (X_i - \overline{X})^2 \right]} \qquad (C2.1.1-8)$$

$$C_V = \frac{N \left[\sum_{j=1}^{a} (X_j - \overline{X})^3 + \frac{N-a}{n-l} \sum_{i=l+1}^{n} (X_i - \overline{X})^3 \right]}{(N-1)(N-2) \overline{X}^3 C_V^3} \qquad (C2.1.1-9)$$

式中　X_j——特大洪水变量（$j=1,\cdots,a$）；

X_i——实测洪水变量（$i=l+1,\cdots,n$）；

N——历史洪水调查考证期；

a——特大洪水个数；

l——从 n 项连序系列中抽出的特大洪水个数。

C2.1.2 适线法。适线法的特点是在一定的适线准则下，求解与经验点据拟合最优的频率曲线的统计参数。一般可根据洪水系列的误差规律，选定适线准则。当系列中各项洪水的误差方差比较均匀时，可考虑采用离（残）差平方和准则；当绝对误差比较均匀时，可考虑采用离（残）差绝对值和准则；当各项洪水（尤其是历史洪水）误差差别比较大时，宜采用相对离差平方和准则，也可采用经验适线法。

1 离差平方和准则，也称最小二乘估计法。频率曲线统计参数的最小二乘估计使经验点据和同频率的频率曲线纵坐标之差（即离差或残差）平方和达到极小。

$$S(\overline{X},C_\mathrm{V},C_\mathrm{S})=\sum_{i=1}^{n}\left[X_i-f(p_i;\overline{X},C_\mathrm{V},C_\mathrm{S})\right]^2 \qquad (C2.1.2\text{-}1)$$

式（C2.1.2-1）中，$f(p_i;\overline{X},C_\mathrm{V},C_\mathrm{S})$ 可简记作 f_i，为频率 $p=p_i$，$i=1,\cdots,n$ 时频率曲线的纵坐标。对于皮尔逊Ⅲ型曲线，则有：

$$f(p_i;\overline{X},C_\mathrm{V},C_\mathrm{S})=\overline{X}[1+C_\mathrm{V}\Phi(p_i;C_\mathrm{S})] \qquad (C2.1.2\text{-}2)$$

式（C2.1.2-2）中，Φ 为离均系数。

根据数学分析，统计参数的最小二乘估计是方程组

$$\frac{\partial S}{\partial \theta}=0 \qquad (C2.1.2\text{-}3)$$

的解。式（C2.1.2-3）中，θ 为参数向量，即 $\theta=(\overline{X},C_\mathrm{V},C_\mathrm{S})^t$。

由于式（C2.1.2-2）对参数是非线性的，所以只能通过迭代法求解。求解式（C2.1.2-1）～式（C2.1.2-3）的最基本方法是高斯-牛顿法，其迭代程序为

$$\theta_{k+1}=\theta_k+\left[(\frac{\partial F}{\partial \theta})^t \frac{\partial F}{\partial \theta}\right]^{-1}\left(\frac{\partial F}{\partial \theta}\right)^t(X-F) \quad (k=0,1,2,\cdots) \quad (C2.1.2\text{-}4)$$

$$F=(f_1,\cdots,f_n)^t \qquad (C2.1.2\text{-}5)$$

$$X=(X_1,\cdots,X_m)^t \qquad (C2.1.2\text{-}6)$$

$$\frac{\partial F}{\partial \theta}=\begin{bmatrix} \dfrac{\partial f_1}{\partial \overline{X}} & \dfrac{\partial f_1}{\partial C_\mathrm{V}} & \dfrac{\partial f_1}{\partial C_\mathrm{S}} \\ \vdots & \vdots & \vdots \\ \dfrac{\partial f_n}{\partial \overline{X}} & \dfrac{\partial f_n}{\partial C_\mathrm{V}} & \dfrac{\partial f_n}{\partial C_\mathrm{S}} \end{bmatrix} \qquad (C2.1.2\text{-}7)$$

上列各式中，上标"t"和"-1"分别为矢量或矩阵的转置和逆，K 为迭代次数。式（C2.1.2-4）中的 F 和 $\dfrac{\partial F}{\partial \theta}$ 都在 $\theta=\theta_k$ 处计值。

当选定一组参数初值 θ_0（例如用矩法其他估计方法），利用迭代程序进行迭代时，应直到相邻两次迭代结果 θ_{k+1} 与 θ_k 差别足够小，合乎精度要求时为止，此时可取 θ_{k+1} 作为 θ 的估计。

2 离差绝对值和准则。使估计的频率曲线统计参数值

$$S_1(\overline{X},C_V,C_S)=\sum_{i=1}^{n}\left|X_i-f(p_i;\overline{X},C_V,C_S)\right| \quad (C2.1.2\text{-}8)$$

达到极小。对式（C2.1.2-8）可采用直接方法（即搜索法）求得参数 $\overline{X}$、C_V 和 C_S 的数值解。

3 相对离差平方和准则。考虑洪水误差和它的大小有关，而它们的相对误差却比较稳定，因此以相对离差平方和最小更符合最小二乘估计的假定。适线准则可写成：

$$S_1(\overline{X},C_V,C_S)=\sum_{i=1}^{n}\left[\frac{X_i-f(p_i;\overline{X},C_V,C_S)}{f_i(\theta)}\right]^2\approx\sum_{i=1}^{n}\left[\frac{X_i-f_i(\theta)}{X_i}\right]^2$$

$$(C2.1.2\text{-}9)$$

其参数迭代程序为

$$\theta_{k+1}=\theta_k+\left[\left(\frac{\partial F}{\partial\theta}\right)^t G^{-1}\frac{\partial F}{\partial\theta}\right]^{-1}\left(\frac{\partial F}{\partial\theta}\right)^t G^{-1}(X-F)\quad(k=0,1,\cdots)$$

$$(C2.1.2\text{-}10)$$

$$G=\begin{bmatrix}f^2(p_i;\theta) & 0\\ & \ddots\\ 0 & f^2(p_i;\theta)\end{bmatrix}\quad (C2.1.2\text{-}11)$$

4 经验适线法。采用矩法或其他方法估计一组参数作为初值，通过经验判断调整参数，选定一条与经验点据拟合良好的频率曲线。适线时应注意：

1）尽可能照顾点群的趋势，使频率曲线通过点群的中心，但可适当多考虑上部和中部点据。

2）应分析经验点据的精度（包括它们的横、纵坐标），使曲线尽量地接近或通过比较可靠的点据。

3）历史洪水，特别是为首的几个历史特大洪水，一般精度较差，适线时，不宜机械地通过这些点据，而使频率曲线脱离点群；但也不能为照顾点群的趋势使曲线离开特大值太远，应考虑特大历史洪水的可能误差范围，以便调整频率曲线。

C3. 水库群设计洪水地区组成方法

5 设计洪水的地区组成

5.0.1 当设计断面上游有调蓄作用较大的水库或设计水库对下游有防洪任务时，应

对大洪水的地区组成进行分析，并拟定设计断面以上或防洪控制断面以上设计洪水的地区组成。

5.0.2 设计洪水的地区组成可采用典型洪水组成法和同频率洪水组成拟定。

1 典型洪水组成法。从实测资料中选择有代表性的大洪水作为典型，按设计断面洪峰或洪量的倍比，放大各区典型洪水过程线。

2 同频率洪水组成法。指定某一分区发生与设计断面同频率的洪水，其余分区发生相应洪水。

两种洪水组成法的各分区设计洪水过程均应采用同一次洪水过程线为典型。

5.0.3 对拟定的设计洪水地区组成和各分区的设计洪水过程线，应符合大洪水地区组成的一般规律，并从水量平衡及洪水过程形状等方面进行合理性检查；必要时可适当调整。

5.0.4 计算受上游水库影响的设计洪水时，可根据拟定的各分区不同洪水地区组成的设计洪水过程线，经上游水库调洪后与区间洪水叠加，得到设计断面不同组合的设计洪水过程线，从中选取对工程较不利的组合效果。

设计水库对下游有防洪任务时，下游防洪控制断面设计洪水过程线可按上述原则分析确定。

5.0.5 有条件时，可采用地区洪水频率组合法或洪水随机模拟法推求受上游工程调蓄影响的设计洪水。

采用地区洪水频率组合法时，可以各分区对工程调节起主要作用的时段洪量作为组合变量，分区不宜太多。

采用洪水随机模拟法时，应合理选择模型，并对模拟成果进行统计特性及合理性检验。